UG NX 1953
数控加工实例教程

贺建群　编著

成　玲　主审

机械工业出版社

本书的主要内容包括 UG NX 1953 数控加工基础、平面零件的加工、曲面零件的加工、四轴加工、五轴加工和车铣复合加工。全书共 6 章,第 1 章主要介绍 UG 常用的数控铣削加工方法,为后续案例学习打下基础,其余每章介绍 2 个典型案例,通过学习可基本掌握 UG 常用的加工方法,案例之后有练习与思考。每个案例按照实际操作过程编写,并尽量还原真实的生产过程。通过手机扫描二维码可下载和观看所有案例的源文件(其中 x_t 格式源文件适用于 UG NX 8.0 以上版本)、结果文件、练习文件、重难点短视频,以及实际生产使用的部分后处理文件。

本书内容实用、专业性强,可作为大中专院校机械类专业的 CAM 教材和培训机构的培训教材,也可作为数控加工领域专业技术人员的参考书。

图书在版编目(CIP)数据

UG NX 1953 数控加工实例教程/贺建群编著. —北京:机械
工业出版社,2021.12
ISBN 978-7-111-69383-3

Ⅰ. ①U… Ⅱ. ①贺… Ⅲ. ①数控机床-加工-计算机
辅助设计-应用软件-教材 Ⅳ. ①TG659.022

中国版本图书馆CIP数据核字(2021)第212220号

机械工业出版社(北京市百万庄大街22号 邮政编码100037)
策划编辑:周国萍 责任编辑:周国萍 刘本明
责任校对:张亚楠 封面设计:马精明
责任印制:李 昂
北京圣夫亚美印刷有限公司印刷
2022 年 1 月第 1 版第 1 次印刷
184mm×260mm · 18.5印张 · 409千字
0001—2 500册
标准书号:ISBN 978-7-111-69383-3
定价:65.00元

电话服务   网络服务
客服电话:010-88361066   机 工 官 网:www.cmpbook.com
        010-88379833   机 工 官 博:weibo.com/cmp1952
        010-68326294   金 书 网:www.golden-book.com
封底无防伪标均为盗版   机工教育服务网:www.cmpedu.com

前　言

UG 是集 CAD/CAM/CAE 于一体的三维参数化软件，以其强大的功能深得用户的喜爱，在机械设计与制造领域有着广泛的应用。随着现代制造技术的发展，四、五轴加工和车铣复合加工越来越普及，各大中专院校机械类专业师生和企业制造工程师们都需要优秀的 UG 数控加工图书来学习参考。

本书以 UG NX 1953 版本为基础，采用案例教学的模式，所选案例典型，具有代表性，并且在编写过程中尽量将复杂问题和操作步骤简化，充分考虑实际加工因素的影响，最大限度地贴合生产实际。

在案例编写过程中，既有操作步骤介绍，又对应有图解说明，尽量将重要的信息以最直接、简明的方式呈现给读者。为便于学习，读者可通过手机扫描二维码下载和观看所有案例的源文件（其中 x_t 格式源文件适用于 UG NX 8.0 以上版本）、结果文件、练习文件、重难点短视频和部分后处理文件。

本书由江门职业技术学院贺建群编著，江门职业技术学院成玲主审。本书在编写过程中得到了广东机电职业技术学院杨伟明大师、新航多轴培训中心卜耀新大师、广东轻工职业技术学院赵战峰老师、利华集团总经理助理贺学农、广东今科机床有限公司董事长邝锦富的指导，以及学校同仁的帮助，在此表示衷心感谢。

由于编著者水平有限，书中难免有错误和不足之处，恳请广大读者提出意见和建议。

编著者

源文件、练习文件、结果文件、后处理文件

目　　录

第1章

UG NX 1953 数控加工基础

1.1 加工环境设置

如果是首次进入加工模块，系统会弹出如图 1-1 所示的"加工环境"对话框，要求先进行初始化。

图 1-1 "加工环境"对话框

cam_general 加工环境是一个基本加工环境，包括了所有的铣削加工、车削加工以及线切割加工功能，是最常用的加工环境。

选择"要创建的 CAM 组装"列表框中的模板文件，将决定加工环境初始化后可以选用的操作类型，也决定在生成程序、刀具、方法、几何时可选择的父节点类型。

1.2 UG NX 数控加工一般步骤

数控编程的过程是指从加载毛坯，定义工序加工对象，选择刀具，到定义加工方法并生成相应的加工程序，然后依据加工程序的内容，如加工对象的具体参数、切削方式、切削步距、主轴转速、进给量、切削角度、进退刀点及安全平面等详细内容来确立刀具轨迹的生成方式；继而仿真加工，对刀具轨迹进行相应的编辑修改、复制等；待所有的刀具轨迹设计合格后，最后进行后处理生成相应数控系统的加工代码进行 DNC 传输与数控加工。

UG NX 数控编程的一般步骤如图 1-2 所示。

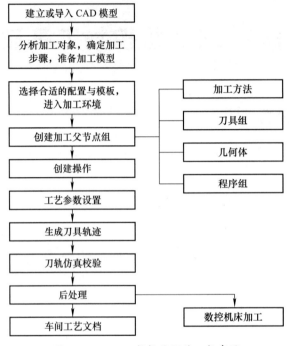

图 1-2　UG NX 数控编程的一般步骤

1.3　UG NX 数控铣削加工

铣削加工是 UG NX 数控加工最重要的内容，也是难度较大的部分，依据在加工过程中刀具轴线方向相对于工件是否保持不变可分为固定轴铣和可变轴铣两大类，固定轴铣又分为平面铣和轮廓铣，而轮廓铣包括型腔铣和固定轴曲面轮廓铣，可变轴铣分为可变轴曲面轮廓铣和顺序铣。UG NX 各种数控铣削加工方法如图 1-3 所示。

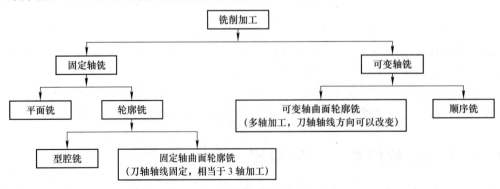

图 1-3　UG NX 数控铣削加工方法

1. 平面铣

功能：实现对平面零件（由平面和垂直面构成零件）的粗加工和精加工。

说明：计算速度快，但不能过切检查。

2. 型腔铣

功能：型腔铣是三轴加工，主要用于对各种零件的粗加工，特别是平面铣不能解决的曲面零件的粗加工。

说明：型腔铣主要用于曲面零件的粗加工，也可对平面和曲面进行精加工，通过限定高度值可用于平面的精加工，采用 ZLEVEL_PROFILE 方式可对陡峭面进行半精加工和精加工。

3. 固定轴曲面轮廓铣

功能：主要用于曲面零件的半精加工、精加工。

说明：刀具沿曲面外形切削，主要刀具是球刀。

4. 可变轴曲面轮廓铣

功能：可变轴曲面轮廓铣是以四、五轴方式对复杂零件表面做半精加工和精加工。

说明：通过控制刀轴和投影矢量，使刀具沿复杂曲面轮廓移动。

5. 顺序铣

功能：以三轴或五轴方式实现对特别零件精加工，其原理是以铣刀的侧刃加工侧壁，端刃加工零件的底面。

说明：仅适合直纹类曲面的精加工。

1.4　平面铣

在平面铣（mill_planar）这一工序类型中共有 17 种工序子类型，如图 1-4 所示。

图 1-4　平面铣工序子类型

"工序子类型下"的每一个图标代表一种子类型，它们定制了平面铣工序参数设置对话框。选择不同的图标，所弹出的工序对话框也会有所不同，完成的工序功能也会不一样，各工序子类型的功能见表 1-1。

数控加工实例教程

表 1-1　平面铣工序子类型

序号	图标	英文名称	中文名称	功能
1		FLOOR_FACING	不含壁的底面加工	1）切削未选择壁的底面　2）选择底面几何体，要移除的料由切削区域底面和毛坯确定　3）建议用于对棱柱部件上平的面进行基础面铣
2		FLOOR_WALL	底壁铣	1）切削底面和壁　2）选择底面和 / 或壁几何体，要移除的材料由切削区域底面和毛坯厚度确定　建议用于对棱柱部件上平面进行基础面铣，该工序替换 UG NX 8.0 及以前版本中的 FACE_MILLING_AREA 工序
3		POCKETING	腔铣	1）切削有底面和壁的封闭腔　2）选择底面和 / 或壁几何体，要移除的料由切削区域底面和毛坯确定　3）建议用于对棱柱部件上平面进行腔铣
4		WALL_PROFILING	不含底面的壁 2D 轮廓铣	1）切削未选择底面的壁　2）选择壁几何体，要移除的材料由切削区域底面和毛坯厚度确定　3）建议用于对棱柱部件上平面进行基础面铣，该工序取代 UG NX 8.0 及以前版本中的 FACE_MILLING_AREA 工序

（续）

序号	图标	英文名称	中文名称	功能
5		WALL_FLOOR_ PROFILING	含底面的壁 2D 轮廓铣	 1）切削选择了底面的壁 2）选择底面几何体，要移除的材料由切削区域底面和毛坯厚度确定 3）建议用于对棱柱部件上平面进行基础面铣，该工序取代 UG NX 8.0 及以前版本中的 FACE_MILLING_AREA 工序
6		CHAMFERING_ MODELED	切削 3D 建模 倒斜角	 1）选择倒斜角作为壁几何体，要移除的材料由切削区域壁和毛坯确定 2）建议用于对棱柱部件上平面进行基础倒斜角铣
7		PLANAR_ DEBURRING	平面去毛刺	 1）对垂直于刀轴方向的 2D 平面的边去毛刺 2）必须定义部件几何体 3）建议用于沿 2D 面对边有效地去毛刺
8		GROOVE_ MILLING	槽铣削	 1）使用 T 形刀切削单个线性槽 2）指定部件和毛坯几何体。通过选择单个平面来指定槽几何体，切削区域可由过程工件确定 3）建议在需要使用 T 型刀对线性槽进行粗加工和精加工时使用

（续）

序号	图标	英文名称	中文名称	功能
9		HOLE_MILLING	孔铣	1）使用平面螺旋和/或螺旋切削模式来加工不通孔和通孔 2）选择孔几何体或使用已识别的孔特征，用过程特征的体积确定待除料量 3）推荐用于加工太大而无法钻削的孔
10		THREAD_MILLING	螺纹铣	1）加工孔内螺纹 2）螺纹参数和几何体信息可以从几何体、螺纹特征或刀具派生，也可以明确指定。刀具的牙型和螺距必须匹配工序中指定的牙型和螺距。选择孔几何体或使用已识别的孔特征 3）推荐用于切削太大而无法攻螺纹的螺纹
11		PLANAR_PROFILING	平面轮廓铣	1）使用"轮廓"切削模式来生成单刀路和沿部件边界描绘轮廓的多层平面刀路 2）定义平行于底面的部件边界。选择底面以定义底部切削层 3）此工序支持有跟踪点的用户定义工具
12		PLANAR_MILL	平面铣	1）移除垂直于固定刀轴的平面切削层中的材料 2）定义平行于底面的部件边界，部件边界确定关键切削层，选择毛坯边界，选择底面来定义底部切削层 3）建议通常用于粗加工带直壁的棱柱部件上的大量材料

（续）

序号	图标	英文名称	中文名称	功能
13		FACE_MILLING_ MANUAL	手工面铣	1）切削垂直于固定刀轴的平面的同时，允许向每个包含手工切削模式的切削区域指派不同的切削模式 2）选择部件上的面以定义切削区域。还可能要定义壁几何体 3）建议用于具有各种形状和大小区域的部件，这些部件需要对模式或者每个区域中不同切削模式进行完整的手工控制
14		PLANAR_TEXT	平面文本	1）平面上的机床文本 2）将制图文本选作几何体来定义刀路。选择底面来定义要加工的面。编辑文本深度来确定切削深度，文本将投影到沿固定刀轴的面上 3）建议用于加工简单文本，如标识符等
15		GENERIC_ MOTION	一般运动	1）使用单独用户定义的运动和事件创建刀路 2）通过将刀具移动到每个子工序所要求的准确位置和方位来创建自己的刀路 3）用于定位控制复杂的多轴机床切削之间的移动
16		MILL_CONTROL	铣削控制	1）仅包含机床控制用户定义事件 2）生成后处理命令并将信息直接提供给后处理器 3）建议用于加工功能，如开关切削液以及显示操作员信息
17		DOCUMENTATION	文档	1）仅包含工作指导 2）为车间生成文档 3）建议用于交流组装和刀具信息

1.5 型腔铣

轮廓铣包括型腔铣和固定轴曲面轮廓铣，如图 1-5 所示，其中型腔铣（CAVITY_MILL）工序子类型有 5 个，公共子类型有 2 个，其余为固定轴曲面轮廓铣工序子类型。

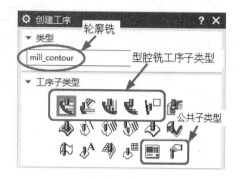

图 1-5　轮廓铣工序子类型

型腔铣各工序子类型的功能见表 1-2。

表 1-2　型腔铣工序子类型

序号	图标	英文名称	中文名称	功能
1		CAVITY_MILL	型腔铣	1）通过移除垂直于固定刀轴的平面切削层中的材料对轮廓形状进行粗加工 2）必须定义部件和毛坯几何体 3）建议用于移除模具型腔与型芯、凹模、铸造件和锻造件上的大量材料
2		ADAPTIVE_MILLING	自适应铣削	1）在垂直于固定轴的平面切削层使用自适应切削模式对一定量的材料进行粗加工，同时维持刀具进刀一致 2）必须定义部件和毛坯几何体 3）建议用于需要考虑延长刀具和机床寿命的高速加工

（续）

序号	图标	英文名称	中文名称	功能
3		PLUNGE_ MILLING	插铣	 1）通过沿连续插削运动中刀轴切削来粗加工轮廓形状 2）部件和毛坯几何体的定义方式与型腔铣相同 3）建议用于对需要较长刀具和增强刚度的深层区域中的大量材料进行有效的粗加工
4		REST_MILLING	剩余铣	 1）使用型腔铣来移除之前工序所遗留下的材料 2）部件和毛坯几何体必须定义于 WORKPIECE 几何体父项 3）切削区域由基于层的 IPW 定义 4）建议用于粗加工由于部件余量、刀具大小或切削层而导致被之前工序遗留的材料
5		ZLEVEL_ PROFILE_STEEP	深度轮廓铣	 1）使用垂直于刀轴的平面切削对指定层的壁进行轮廓加工。还可以清理各层之间缝隙中遗留的材料。 2）指定部件几何体。指定切削区域以确定要进行轮廓加工的面。指定切削层来确定轮廓加工刀路之间的距离 3）建议用于半精加工和精加工轮廓形状，如注塑模、凹模、铸造件和锻造件

1.6　固定轴曲面轮廓铣

如图 1-5 所示，固定轴曲面轮廓铣（FIXED_CONTOUR）有 13 个工序子类型，各工序

数控加工实例教程

子类型的功能见表 1-3。

表 1-3　固定轴曲面轮廓铣工序子类型

序号	图标	英文名称	中文名称	功能
1		FIXED_AXIS_GUIDING_CURVES	固定轴引导曲线	 1）这是常用的精加工工序，可用于包含底切的任意数量曲面。它使用球头刀或球面铣刀在切削区域上直接创建刀路而不需要投影。刀路可以恒定量偏离单一引导对象，也可以是多个引导对象之间的变形。刀轴支持 3D 曲线，也支持夹持器避让和刀轴光顺 2）指定部件、切削区域（不必属于部件）和刀具（仅允许球形刀尖）。编辑驱动方法，选择模式类型、引导和切削设置 3）推荐用于精加工包含底切、双触点等的特定区域
2		AREA_MILL	区域轮廓铣	 1）使用区域铣削驱动方法来加工切削区域中面的固定轴曲面轮廓铣工序 2）指定部件几何体。选择面以指定切削区域。编辑驱动方法以指定切削模式 3）建议用于精加工特定区域
3		FLOWCUT_SINGLE	单刀路清根	 1）通过清根驱动方法使用单刀路精加工或修整拐角和凹部的固定轴曲面轮廓铣 2）指定部件几何体。根据需要指定切削区域 3）建议用于移除精加工前拐角处的余料
4		FLOWCUT_MULTIPLE	多刀路清根	 1）通过清根驱动方法使用多刀路精加工或修整拐角和凹部的固定轴曲面轮廓铣 2）指定部件几何体。根据需要指定切削区域和切削模式 3）建议用于移除精加工前后拐角处的余料

（续）

序号	图标	英文名称	中文名称	功能
5		FLOWCUT_REF_TOOL	清根参考刀具	1）使用清根驱动方法在指定参考刀具确定的切削区域中创建多刀路 2）指定部件几何体。根据要选择面以指定切削区域。编辑驱动方法以指定切削模式和参考刀具 3）建议用于移除由于之前刀具直径和拐角半径的原因而处理不到的拐角中的材料
6		CURVE_DRIVE	曲线驱动	1）用曲线驱动方法加工切削区域表面的固定轴曲面轮廓铣工序 2）根据需要指定部件几何体和切削区域，并编辑驱动方法来指定切削模式 3）建议用于精加工轮廓形状
7		SOLID_PROFILE_3D	实体轮廓 3D	1）沿着选定直壁的轮廓边描绘轮廓 2）指定部件和壁几何体 3）建议用于精加工 3D 轮廓边（如在修边模上发现的）的直壁
8		PROFILE_3D	3D 轮廓加工	1）使用部件边界描绘 3D 边或曲线的轮廓 2）选择 3D 边以指定平面上的部件边界 3）建议用于线框模型
9		CONTOUR_TEXT	轮廓文本	1）轮廓曲面上的机床文本 2）指定部件几何体。选择制图文本作为定义刀路的几何体 3）用编辑文本深度来确定切削深度，文本将投影到沿固定刀轴的部件上 4）建议用于加工简单文本，如标识符

（续）

序号	图标	英文名称	中文名称	功能
10		STREAMLINE	流线	1）使用流曲线和交叉曲线来引导切削模式，并遵照驱动几何体形状的固定轴曲面轮廓铣工序 2）指定部件几何体和切削区域。编辑驱动方法来选择一组流曲线和交叉曲线以引导和包含路径。指定切削模式 3）建议用于精加工复杂形状，尤其是要控制光顺切削模式的流和方向
11		CONTOUR_SURFACE_AREA	曲面区域轮廓铣	1）使用曲面区域驱动方法对选定面定义的驱动几何体进行精加工的固定轴曲面轮廓铣工序 2）指定部件几何体。编辑驱动方法以指定切削模式，并在矩形栅格中按行选择面以定义驱动几何体 3）建议用于精加工包含顺序整齐的驱动面矩形栅格的单个区域
12		MILL_CONTROL	铣削控制	1）仅包含机床控制用户定义事件 2）生成后处理命令并将信息直接提供给后处理器 3）建议用于加工功能，如开关冷却液以及显示操作员消息
13		MILL_USER	铣削用户	1）铣削用户定义 2）需要定制 NX Open 程序以生成刀路的特殊工序

1.7　可变轴曲面轮廓铣

在可变轴曲面轮廓铣（mill_multi-axis）这一工序类型中共有 12 种工序子类型，如图 1-6 所示。

图 1-6　可变轴曲面轮廓铣工序子类型

各工序子类型的功能见表 1-4。

表 1-4　可变轴曲面轮廓铣工序子类型

序号	图标	英文名称	中文名称	功能
1		MULTI_AXIS_ROUGHING	多轴粗加工	1）此常用粗加工工序将使用球头铣刀、牛鼻铣刀或平头铣刀在多个切削层中切削 2）切削层以恒定值偏离于驱动底面或驱动顶面，或在两者之间插补 3）支持自下而上切削。模式可以是跟随部件或自适应。刀轴垂直于切削层 4）指定部件、毛坯、驱动底面以及可选的驱动顶面。可以使用 3D IPW。支持空间范围环 5）推荐用于复杂形状的 5X 粗加工
2		VARIABLE_AXIS_GUIDING_CURVES	可变引导曲线	1）这是一般用途的精加工工序，可用于包含底切的任意数量曲面。它使用球头刀或球面铣刀在切削区域上直接创建刀路而不需要投影。刀路可以恒定量偏离单一引导对象，也可以是多个引导对象之间的变形。刀轴支持 3D 曲线，也支持夹持器避让和刀轴光顺 2）指定部件、切削区域（不必属于部件）和刀具（仅允许球形刀尖）。编辑驱动方法，选择模式类型、引导和切削设置。确保材料侧合适。在主对话框中，指定刀轴、避让和光顺 3）推荐用于精加工包含底切、双触点等的复杂形状
3		CONTOUR_PROFILE	外形轮廓铣	1）使用外形轮廓铣驱动方法以切削刃侧面对斜壁进行轮廓加工的可变轴曲面轮廓铣工序 2）指定部件几何体。指定底面几何体。如果需要，编辑驱动方法以指定其他设置 3）推荐用于精加工飞机机身部件中的斜壁
4		TUBE_ROUGH	管粗加工	1）使用管粗加工驱动方法，此方法仅适用于球面铣刀 2）指定部件几何体。指定切削区域几何体。指定中心曲线 3）指定刀轴、管精加工驱动设置和切削参数 4）推荐粗加工内部管类型曲面

（续）

序号	图标	英文名称	中文名称	功能
5		TUBE_FINISH	管精加工	1）管精加工工序使用管精加工驱动方法，仅适用于球面铣刀或球头铣刀 2）指定部件几何体。指定切削区域几何体。指定中心曲线 3）指定刀轴、管精加工驱动设置和切削参数 4）推荐精加工内部管类型曲面
6		GENERIC_MOTION	一般运动	1）使用单独用户定义的运动和事件创建刀路 2）通过将刀具移动到每个子工序所要求的准确位置和方位来创建自己的刀路 3）可用于定位控制复杂的多轴机床切削工序之间的移动
7		VARIABLE_STREAMLINE	可变流线铣	1）使用流曲线和交叉曲线来引导切削模式，并遵照驱动几何体形状的可变轴曲面轮廓铣工序 2）指定部件几何体和切削区域。编辑驱动方法来选择一组流曲线和交叉曲线以引导和包含路径。指定切削模式 3）建议用于精加工复杂流线型曲面
8		VARIABLE_CONTOUR	可变轮廓铣	1）用于对具有各种驱动方法、空间范围、切削模式和刀轴的部件或切削区域进行轮廓铣的基础可变轴曲面轮廓铣 2）指定部件几何体。指定驱动方法。指定合适的可变刀轴 3）建议用于轮廓曲面的可变轴精加工

（续）

序号	图标	英文名称	中文名称	功能
9		SEQUENTIAL_MILL	顺序铣	1）使用三、四或五轴刀具移动连续加工一系列曲面或曲线，选择部件、驱动并检查面以确定每个连续的刀具移动 2）建议用于一系列边界相连的曲面连续精加工
10		ZLEVEL_5AXIS	深度五轴铣	1）深度铣工序，将侧倾刀轴以远离部件几何体，避免在使用短球头铣刀时与刀柄 / 夹持器碰撞 2）指定部件几何体。指定切削区域以确定要进行轮廓加工的面。指定切削层以确定轮廓加工刀路的间距。指定刀具侧倾角和方向 3）建议用于半精加工和精加工轮廓铣的形状，如无底切的注塑模、凹模、铸造件和锻造件
11		MILL_USER	铣削用户	1）用户定义铣 2）需要定制 UG NX Open 程序以生成刀路的特殊工序
12		MILL_CONTROL	铣削控制	1）仅包含机床控制用户定义事件 2）生成后处理命令并将信息直接提供给后处理器 3）建议用于加工功能，如开关切削液以及显示操作员消息

1.8　多叶片铣

　　多叶片铣（mill_multi-blade）是可变轴曲面轮廓铣分化出来的一个特别的工序，专门用来加工叶轮类的零件，在多叶片铣这一工序类型中共有 16 种工序子类型，如图 1-7 所示。

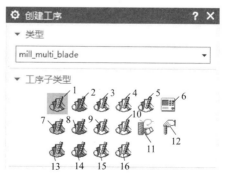

图 1-7　多叶片铣工序子类型

各工序子类型的功能见表 1-5。

表 1-5　多叶片铣工序子类型

序号	图标	英文名称	中文名称	功能
1		IMPELLER_ROUGH	叶轮粗加工	1）使用轮毂和包覆间的切削层移除叶片和分流叶片之间材料的多轴铣削工序 2）部件几何体定义于 WORKPIECE 几何体父项。指定轮毂、包覆、叶片、叶根圆角和分流叶片几何体。编辑驱动方法来指定切削模式 3）建议用于在涡轮机部件的叶片和分流叶片之间进行粗加工
2		IMPELLER_HUB_FINISH	叶轮轮毂精加工	1）对叶片进行精加工的多轴工序 2）部件几何体定义于 WORKPIECE 几何体父项。指定轮毂、叶片、叶根圆角和分流叶片几何体。编辑驱动方法以指定切削模式 3）建议用于精加工涡轮机部件上的叶片
3		IMPELLER_BLADE_FINISH	叶轮叶片精加工	1）在多个切削层中对叶片和分流叶片进行精加工的多轴工序 2）部件几何体定义于 WORKPIECE 几何体父项。指定轮毂、叶片、叶根圆角和分流叶片几何体。编辑驱动方法以指定切削模式 3）建议用于对涡轮机部件上的叶片和分流叶片进行精加工
4		IMPELLER_BLEND_FINISH	叶轮圆角精铣	1）对多刀路叶片和分流叶片圆角进行精加工的多轴工序 2）部件几何体定义于 WORKPIECE 几何体父项。指定轮毂、叶片、叶根圆角和分流叶片几何体。编辑驱动方法以指定切削模式 3）建议用于对已使用较大型刀具完成粗加工的叶片和分流叶片进行精加工

UG NX 1953 数控加工基础

（续）

序号	图标	英文名称	中文名称	功能
5		IMPELLER_BLADE_SWARF	叶轮叶片侧壁加工	 1）分层完成叶片和分流叶片侧壁精加工的多轴工序 2）部件几何体定义于 WORKPIECE 几何体父项。指定轮毂、叶片、叶根圆角和分流叶片几何体。编辑驱动方法来指定切削模式 3）建议用于涡轮机部件的叶片和分流叶片的侧壁精加工
6		MILL_CONTROL	铣削控制	1）仅包含机床控制用户定义事件 2）生成后处理命令并将信息直接提供给后处理器 3）建议用于加工功能，如开关切削液以及显示操作员消息
7		BLISK_ROUGH	整体叶盘粗加工	 1）在轮毂和包覆间用分层切削移除叶片和分流叶片之间材料的多轴铣削工序 2）部件几何体定义于 WORKPIECE 几何体父项。指定轮毂、包覆、叶片、叶根圆角和分流叶片几何体。编辑驱动方法来指定切削模式 3）推荐用于带旋转轮毂的整体叶盘叶片间的粗加工
8		BLISK_HUB_FINISH	整体叶盘轮毂精加工	 1）精加工轮毂的多轴铣削工序 2）部件几何体定义于 WORKPIECE 几何体父项。指定轮毂、叶片、叶根圆角和分流叶片几何体。编辑驱动方法来指定切削模式 3）推荐用于带旋转轮毂的整体叶盘轮毂精加工

（续）

序号	图标	英文名称	中文名称	功能
9		BLISK_BLADE_FINISH	整体叶盘叶片精加工	 1）分层完成叶片和分流叶片精加工的多轴工序 2）部件几何体定义于 WORKPIECE 几何体父项。指定轮毂、叶片、叶根圆角和分流叶片几何体。编辑驱动方法来指定切削模式 3）建议用于带旋转轮毂的整体叶盘叶片的精加工
10		BLISK_BLEND_FINISH	整体叶盘叶根圆角精加工	 1）多刀路精加工叶片和分流叶片圆角的多轴工序 2）部件几何体定义于 WORKPIECE 几何体父项。指定轮毂、叶片、叶根圆角和分流叶片几何体。编辑驱动方法来指定切削模式 3）建议用于带旋转轮毂的整体叶盘叶根圆角精加工
11		GENERIC_MOTION	一般运动	 1）使用单独用户定义的运动和事件创建刀路 2）通过将刀具移动到每个子工序所要求的准确位置和方位来创建自己的刀路 3）可用于定位控制复杂的多轴机床切削工序之间的移动
12		MILL_USER	铣削用户	1）用户定义铣 2）需要定制 UG NX Open 程序以生成刀路的特殊工序

UG NX 1953 数控加工基础

（续）

序号	图标	英文名称	中文名称	功能
13		BLISK_NR_ROUGH	非旋转整体叶盘粗加工	 1）在轮毂和包覆间用分层切削移除叶片和分流叶片之间材料的多轴铣削工序 2）部件几何体定义于 WORKPIECE 几何体父项。指定轮毂、包覆、叶片、叶根圆角和分流叶片几何体。编辑驱动方法来指定切削模式 3）建议用于非旋转轮毂整体叶盘叶片间的粗加工
14		BLISK_NR_HUB_FINISH	非旋转整体叶盘轮毂精加工	 1）精加工轮毂的多轴工序 2）部件几何体定义于 WORKPIECE 几何体父项。指定轮毂、叶片、叶根圆角和分流叶片几何体。编辑驱动方法来指定切削模式 3）建议用于非旋转轮毂的整体叶盘轮毂精加工
15		BLISK_NR_BLADE_FINISH	非旋转整体叶盘叶片精加工	 1）分层完成叶片和分流叶片精加工的多轴工序 2）部件几何体定义于 WORKPIECE 几何体父项。指定轮毂、叶片、叶根圆角和分流叶片几何体。编辑驱动方法来指定切削模式 3）建议用于非旋转轮毂的整体叶盘叶片精加工
16		BLISK_NR_BLEND_FINISH	非旋转整体叶盘叶根圆角精加工	 1）多刀路精加工叶片和分流叶片圆角的多轴工序 2）部件几何体定义于 WORKPIECE 几何体父项。指定轮毂、叶片、叶根圆角和分流叶片几何体。编辑驱动方法来指定切削模式 3）建议用于非旋转轮毂的整体叶盘圆角精加工

1.9 旋转铣削

在旋转铣削（mill_rotary）这一工序类型中共有 4 种工序子类型，如图 1-8 所示。

图 1-8　旋转铣削工序子类型

各工序子类型的功能见表 1-6。

表 1-6　旋转铣削工序子类型

序号	图标	英文名称	中文名称	功能
1		ROTARY_FLOOR	旋转底面铣	1）对圆柱部件底面进行精加工的多轴工序 2）部件几何体定义于 WORKPIECE 几何体父项。指定 ROTARY_GEOM 几何体父项的底面、壁和部件旋转轴 3）编辑驱动方法以指定切削模式 4）推荐用于精加工圆柱部件上的底面
2		GENERIC_MOTION	一般运动	1）使用单独用户定义的运动和事件创建刀路 2）通过将刀具移动到每个子工序所要求的准确位置和方位来创建自己的刀路 3）可用于定位控制复杂的多轴机床切削工序之间的移动
3		MILL_USER	铣削用户	1）用户定义铣 2）需要定制 UG NX Open 程序以生成刀路的特殊工序
4		MILL_CONTROL	铣削控制	1）仅包含机床控制用户定义事件 2）生成后处理命令并将信息直接提供给后处理器 3）建议用于加工功能，如开关切削液以及显示操作员消息

1.10 孔加工

在孔加工（hole_making）这一工序类型中共有 17 种工序子类型，如图 1-9 所示。

图 1-9　孔加工工序子类型

各工序子类型的功能见表 1-7。

表 1-7　孔加工工序子类型

序号	图标	英文名称	中文名称	功能
1		SPOT_DRILLING	定心钻	1）定心钻工序可以对选定的孔几何体手动定心钻孔。也可以使用根据特征类型分组的已识别特征 2）选择孔几何体或使用已识别的孔特征。用过程特征的体积确定待除料量 3）推荐用于对选定的孔、孔/凸台几何体组中的孔，或对特征组中先前识别的特征分别定心钻
2		DRILLING	钻孔	1）钻孔工序可以对选定的孔几何体手动钻孔，也可以使用根据特征类型分组的已识别特征 2）选择孔几何体或使用已识别的孔特征。用过程特征的体积确定待除料量 3）推荐用于对选定的孔或孔/凸台几何体组中的孔，或者对某个特征组中先前识别的特征分别进行钻孔
3		DEEP_HOLE_DRILLING	钻深孔	1）钻孔工序可以手动钻深孔，也可以根据特征类型使用已识别的特征 2）选择孔几何体或使用已识别的孔特征。用过程特征的体积确定导孔是否已钻，或十字孔之前是否已加工 3）推荐用于钻可能与十字孔相交的深孔

（续）

序号	图标	英文名称	中文名称	功能
4		COUNTERSINKING	钻埋头孔	1）钻埋头孔工序可以对选定的孔几何体手动钻埋头孔，也可以使用根据特征类型分组的已识别的特征 2）选择孔几何体或使用已识别的孔特征。用过程特征的体积确定待除料量 3）推荐用于对选定的孔或孔 / 凸台几何体组中的孔，或者对某个特征组中先前识别的特征分别进行埋头钻孔
5		RADIAL_GROOVE_ MILLING	径向槽铣	1）使用圆弧模式加工径向槽 2）选择径向槽几何体或使用已识别的径向槽特征。用过程特征的体积确定待除料量 3）推荐用于通过 T 型刀加工一个或多个径向槽
6		COUNTERBORING	沉头孔加工	1）切削平整面以扩大现有孔顶部的点到点钻孔工序 2）几何需求和刀轴规范与基础钻孔的相同 3）建议创建面以安置螺栓头或垫圈，或者对配对部件进行平齐安装
7		BACK_COUNTER_ SINKING	背面埋头钻孔	1）背面埋头钻孔工序可以对选定的孔几何体手动钻埋头孔，也可以使用根据特征类型分组的已识别特征 2）选择孔几何体或使用已识别的孔特征。用过程特征的体积确定待除料量 3）推荐用于进行埋头钻孔，其中自动判断倒斜角将从对侧加工并以非旋转逼近穿过孔。从选定的孔、孔 / 凸台几何体组中的孔，或从特征组中先前识别的特征分别使用几何体
8		TAPPING	攻螺纹	1）攻螺纹工序可以对选定的孔几何体手动攻螺纹，也可以使用根据特征类型分组的已识别特征 2）选择孔几何体或使用已识别的孔特征。用过程特征的体积确定待除料量 3）推荐用于对选定的孔、孔 / 凸台几何体组中的孔，或对特征组中先前识别的特征分别攻螺纹

（续）

序号	图标	英文名称	中文名称	功能
9		THREAD_ MILLING	螺纹铣	1）加工孔内螺纹 2）螺纹参数和几何体信息可以从几何体、螺纹特征或刀具派生，也可以明确指定。刀具的牙型和螺距必须匹配工序中指定的牙型和螺距。选择孔几何体或使用已识别的孔特征 3）推荐用于切削太大而无法攻螺纹的螺纹
10		HOLE_MILLING	铣孔	1）使用平面螺旋和 / 或螺旋切削模式来加工不通孔和通孔 2）选择孔几何体或使用已识别的孔特征。用过程特征的体积确定待除料量 3）推荐用于加工太大而无法钻削的孔
11		HOLE_ CHAMFER_ MILLING	孔倒斜角	1）使用圆弧模式对孔倒斜角 2）选择孔几何体或使用已识别的孔特征。用过程特征的体积确定倒斜角的除料量 3）推荐用于通过倒斜角工具对孔倒斜角
12		BORING_ REAMING	镗孔和铰孔	1）钻孔工序可以对选定的孔几何体手动钻孔，也可以使用根据特征类型分组的已识别特征 2）选择孔几何体或使用已识别的孔特征。用过程特征的体积确定待除料量 3）推荐用于对选定的孔或孔 / 凸台几何体组中的孔，或者对某个特征组中先前识别的特征分别进行钻孔
13		SPOT_FACING	锪孔	1）切削轮廓曲面上圆形、平整面的点到点钻孔工序 2）选择曲线、边或点以定义孔顶部。选择面、平面或指定 ZC 值来定义顶部曲面。选择"用圆弧的轴"沿不平行的中心线切削 3）建议用于创建面以安置螺栓头或垫圈，或者对配对件进行平齐安装

（续）

序号	图标	英文名称	中文名称	功能
14		GENERIC_ FEATURE_ OPERATION	一般特征工序	1）这是一个通用工序 2）使用数值、特征参数和刀具参数定义任意运动 3）当没有其他工序可以产生精确刀轨时推荐使用
15		BOSS_MILLING	凸台铣	1）使用平面螺旋和 / 或螺旋切削模式来加工圆柱台 2）选择凸台几何体或使用已识别的凸台特征。用过程特征的体积确定待除料量 3）推荐用于加工圆柱台
16		BOSS_THREAD_ MILLING	凸台螺纹铣	1）加工圆柱台螺纹 2）螺纹参数和几何体信息可以从几何体、螺纹凸台特征或刀具派生，也可以明确指定。刀具的牙型和螺距必须匹配工序中指定的牙型和螺距。选择凸台几何体或使用已识别的凸台特征 3）推荐用于切削太大而无法冲模的螺纹
17		SEQUENTIAL_ DRILLING	顺序钻	1）钻孔工序可以对选定的断孔几何体手动钻孔，也可以使用根据特征类型分组的已识别中断特征 2）选择孔几何体或使用已识别的孔特征。用过程特征的体积确定待除料量 3）推荐用于手动钻削从某个特征组内先前识别的中断特征中选定的断孔或孔

1.11 车削加工

在车削加工（turning）这一工序类型中共有 16 种工序子类型，如图 1-10 所示。

UG NX 1953 数控加工基础

图 1-10 车削加工工序子类型

各工序子类型的功能见表 1-8。

表 1-8 车削加工工序子类型

序号	图标	英文名称	中文名称	功能
1		FACING	车端面	1）垂直于并朝着中心线进行粗切削的车削工序 2）用过程工件确定切削区域 3）建议用于粗加工部件端面
2		ROUGH_TURN_OD	粗车外圆	1）平行于部件和粗加工轮廓外径上主轴中心线的粗切削 2）用过程工件确定切削区域 3）建议用于粗加工外径，同时要避开槽
3		FINISH_TURN_OD	精车外圆	1）朝着主轴方向切削已精加工部件的外径 2）用过程工件确定切削区域。可在需要精加工或避开槽的独立曲面处指定单独切削区域 3）建议用于精加工部件的外径
4		ROUGH_BACK_TURN_OD	反向粗车	1）除了切削移动方向远离主轴面，粗切削与 ROUGH_TURN_OD 都相同 2）用过程工件确定切削区域 3）建议用于粗加工 ROUGH_TURN_OD 工序处理不到的外径区域

数控加工实例教程

（续）

序号	图标	英文名称	中文名称	功能
5		ROUGH_TURN_ID	粗镗内孔	 1）平行于部件内径和粗加工轮廓上的主轴中心线的粗切削 2）用过程工件确定切削区域 3）建议用于粗加工内径，同时要避开槽
6		FINISH_TURN_ID	精镗内孔	 1）朝着主轴方向切削已精加工部件的内径 2）用过程工件确定切削区域。可在需要精加工或避开槽的独立曲面处指定单独切削区域 3）建议用于精加工部件内径上的轮廓曲面
7		ROUGH_BACK_TURN_ID	反向粗镗	 1）除了切削移动方向远离主轴面，粗切削与ROUGH_BORE_ID都相同 2）用过程工件确定切削区域 3）建议用于ROUGH_BORE_ID工序处理不到的内径区域
8		TEACH_MODE	示教模式	 1）由用户紧密控制的手工定义运动 2）选择几何体以将每个连续切削和非切削刀具移动定义为子工序 3）建议用于高级精加工
9		GROOVE_OD	外径开槽	 1）使用各种插削策略切削部件外径上的槽 2）用过程工件确定切削区域 3）建议用于粗加工和精加工槽

（续）

序号	图标	英文名称	中文名称	功能
10		GROOVE_ID	内孔开槽	1）使用各种插削策略切削部件内径上的槽 2）用过程工件确定切削区域 3）建议用于粗加工和精加工槽
11		GROOVE_FACE	端面开槽	1）使用各种插削策略切削部件端面上的槽 2）用过程工件确定切削区域 3）建议用于粗加工和精加工槽
12		THREAD_OD	车外螺纹	1）在部件外径上切削直螺纹或锥螺纹 2）必须指定顶线和根线以确定螺纹深度，指定螺距，不使用过程工件 3）建议用于切削所有外螺纹
13		THREAD_ID	车内螺纹	1）沿部件内径切削直螺纹或锥螺纹 2）必须指定顶线和根线以确定螺纹深度。指定螺距。不使用过程工件 3）建议在相对较大的孔中切削内螺纹
14		PART_OFF	切断	1）将部件与卡盘中的棒材分隔开 2）在车削粗加工中使用"部件分离"切削策略 3）是车削程序中的最后一道工序

（续）

序号	图标	英文名称	中文名称	功能
15		ROUGH_TURN_ SMOOTH	平滑粗车	1）采用平滑圆形切入和切出移动的粗车工序可减少刀具磨损。直接移除粗切的任一侧尖头（清理）。优化圆形切入和切出移动，以在最后一次粗切中尽可能切除边角处的材料 2）连续切削的选项可在刀具与工件表面保持接触处生成粗加工刀路，还支持基于切屑厚度自动计算进给率。用过程工件确定切削区域 3）指定单向或往复策略和所需半径值以控制所生成刀轨的平滑度 4）建议用在须保持均匀的切向力、除料速率和切屑负载的车加工中，以加快加工速度和延长刀具寿命
16		LATHE_CONTROL	车削控制	1）仅包含机床控制用户定义事件 2）这些事件会生成后处理命令并直接将信息提供给后处理器

第②章

平面零件的加工

2.1 实例1：U形模具的加工

U形模具是一个典型的平面零件，也是数控技能高级考证题。通过本实例的学习，熟练掌握典型平面零件粗、精加工方法。

2.1.1 打开源文件

打开源文件U形模具.prt，结果如图2-1所示。

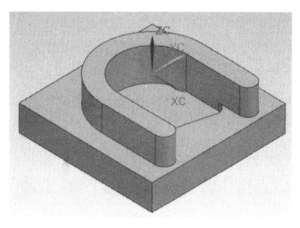

图2-1　U形模具

2.1.2 部件分析

利用"分析"—"测量"命令可以测量部件长×宽×高为80mm×80mm×30mm，利用"分析"—"局部半径"命令可以测量最小圆角半径为5mm。

2.1.3 绘制毛坯

毛坯六个面可以先在普通机床上加工好，然后在数控铣床上进行台阶的加工，所以毛坯侧面和底面余量可以为零，顶面留有合适余量即可，基于以上考虑，毛坯尺寸确定为80mm×80mm×31mm。

选择"应用模块"—"建模"，进入建模模块，选择"菜单"—"插入"—"设计特征"—"块"，系统弹出"块"对话框，如图2-2所示设置。

图2-2 "块"对话框

如图2-3所示，选择部件底面两对角点，单击"块"对话框的"确定"按钮，完成毛坯的绘制。

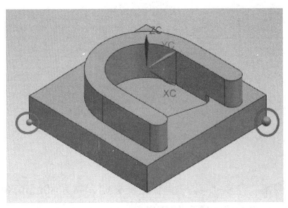

图2-3 选择部件底面对角点

选择毛坯几何体，选择"菜单"—"编辑"—"对象显示"，系统弹出"编辑对象显示"对话框，将毛坯透明度设为60，单击"确定"按钮，将毛坯半透明显示。

在"部件导航器"中，隐藏部件仅显示毛坯，结果如图2-4所示。

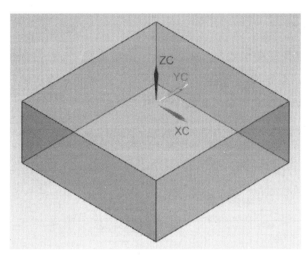

图 2-4　毛坯几何体

2.1.4　加工环境配置

选择"应用模块"—"加工",进入加工模块,系统弹出"加工环境"对话框,如图 2-5 所示设置,单击"确定"按钮,完成加工环境配置。

图 2-5　加工环境配置

2.1.5　设置加工坐标系

在工序导航器 - 几何视图中双击 MCS_LOCAL，系统弹出"MCS Local"对话框，单击"坐标系对话框"按钮，系统弹出"坐标系"对话框，如图 2-6 所示设置，两次单击"确定"按钮，完成加工坐标系的设置，结果如图 2-7 所示。

图 2-6　"坐标系"对话框

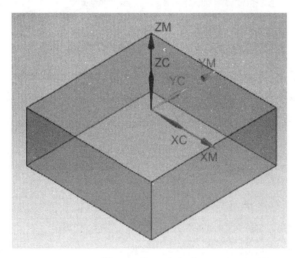

图 2-7　加工坐标系

说明：WCS 原点位于部件上表面中心，MCS 与 WCS 重合。

2.1.6　指定部件、毛坯几何体

在工序导航器 - 几何视图中双击 WORKPIECE，系统弹出"工件"对话框，单击"指定毛坯"按钮，选择毛坯，单击"确定"按钮，单击"指定部件"按钮，选择部件（按 <Ctrl+Shift+B> 键可显示），单击"确定"按钮，完成部件、毛坯几何体的指定。

2.1.7 创建铣削边界几何体

单击 按钮，系统弹出"创建几何体"对话框，如图 2-8 所示设置，单击"确定"按钮，系统弹出"铣削边界"对话框，如图 2-9 所示。

图 2-8 "创建几何体"对话框   图 2-9 "铣削边界"对话框

单击"指定部件边界"按钮 ，系统弹出"部件边界"对话框，如图 2-10 所示。

图 2-10 "部件边界"对话框

如图 2-11 所示，选择一个水平面，单击"部件边界"对话框的"添加新集"按钮⊕，选择第二个水平面，单击"添加新集"按钮⊕。

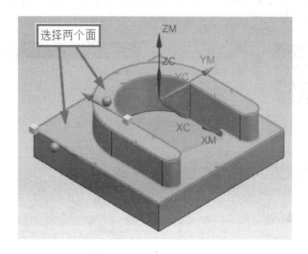

图 2-11　按面指定边界

"部件边界"对话框如图 2-12 所示设置，并选择曲线和指定平面，单击"部件边界"对话框的"确定"按钮完成部件边界的指定，返回"铣削边界"对话框。

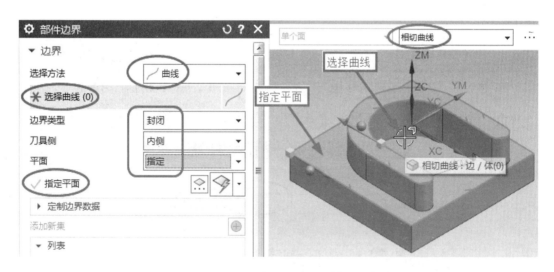

图 2-12　按曲线指定边界

单击"指定底面"按钮，系统弹出"平面"对话框，选择图 2-13 所示底面，单击"确定"按钮，完成底面的指定。

按 <Ctrl+Shift+B> 键隐藏部件显示毛坯，单击"指定毛坯边界"按钮，系统弹出"毛坯边界"对话框，选择图 2-14 所示毛坯上表面，两次单击"确定"按钮，完成铣削边界几何体 MILL_BND 的创建，结果如图 2-15 所示。

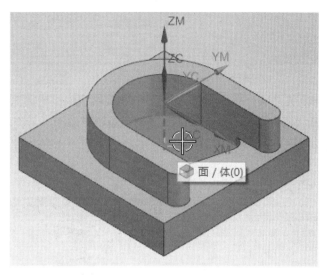

图 2-13　指定底面

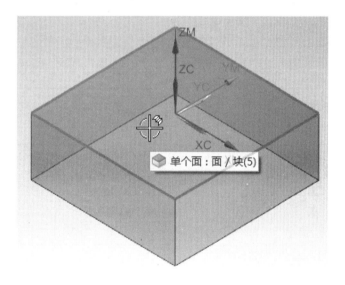

图 2-14　选择毛坯上表面

图 2-15　创建铣削边界几何体

2.1.8　创建刀具

按 <Ctrl+Shift+B> 键隐藏毛坯显示部件，工序导航器切换到机床视图，单击 按钮，系统弹出"创建刀具"对话框，如图 2-16 所示设置，单击"确定"按钮，系统弹出"铣刀-5 参数"对话框，如图 2-17 所示设置刀具参数，单击"确定"按钮，完成平底刀 D12R0 的创建。

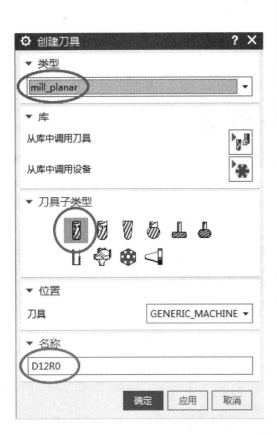

图 2-16　"创建刀具"对话框 1

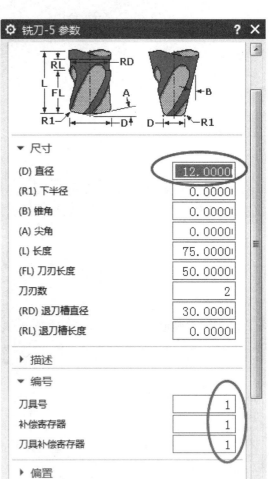

图 2-17　"铣刀-5 参数"对话框 1

单击 按钮，系统弹出"创建刀具"对话框，如图 2-18 所示设置，单击"确定"按钮，系统弹出"铣刀-5 参数"对话框，如图 2-19 所示设置刀具参数，单击"确定"按钮，完成平底刀 D8R0 的创建。

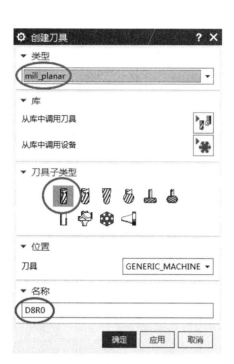

图 2-18　"创建刀具"对话框 2　　　　　　图 2-19　"铣刀-5 参数"对话框 2

2.1.9　创建平面铣粗加工工序

单击按钮，系统弹出"创建工序"对话框，选择基本平面铣工序子类型，如图 2-20 所示设置参数，单击"确定"按钮，系统弹出"平面铣 -[PLANAR_MILL]"对话框，如图 2-21 所示设置。

图 2-20　"创建工序"对话框

数控加工实例教程

图 2-21　"平面铣 -[PLANAR_MILL]"对话框

选择"进给率和速度"选项卡，如图 2-22 所示设置。

图 2-22　设置进给率和速度

选择"策略"选项卡，如图 2-23 所示设置。

单击"平面铣 -[PLANAR_MILL]"对话框的"生成"按钮，系统生成刀具路径，如图 2-24 所示。

图 2-23 设置刀路方向

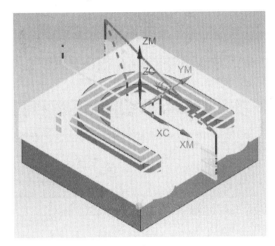

图 2-24 生成刀具路径

单击"确认"按钮 , 系统弹出"刀轨可视化"对话框,选择 3D 动态 ,单击"播放"按钮 , 仿真结束后单击"刀轨可视化"对话框的 分析 按钮,单击各加工面,测量其加工余量,结果如图 2-25 所示,三次单击"确定"按钮,完成平面铣粗加工工序的创建,结果如图 2-26 所示。

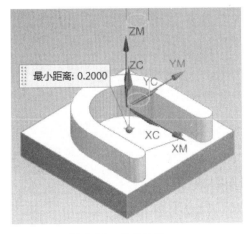

图 2-25 仿真结果

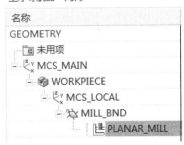

图 2-26 平面铣粗加工工序

2.1.10 创建底面精加工工序

复制刚刚创建的平面铣粗加工工序 ⬛ PLANAR_MILL，结果如图 2-27 所示。双击 ⊘⬛ PLANAR_MILL_COPY，系统弹出"平面铣 -[PLANAR_MILL_COPY]"对话框，如图 2-28 所示设置。

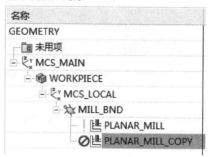

图 2-27 复制平面铣粗加工工序

图 2-28 "平面铣 -[PLANAR_MILL_COPY]"对话框

选择"进给率和速度"选项卡，如图 2-29 所示设置进给率和速度。

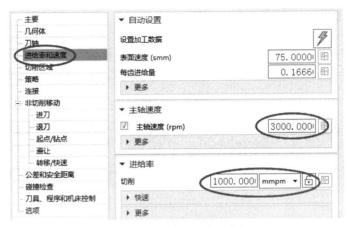

图 2-29　设置进给率和速度

选择"非切削移动"下的"进刀"选项卡，如图 2-30 所示设置。

图 2-30　设置进刀

单击"平面铣 -[PLANAR_MILL_COPY]"对话框的"生成"按钮，系统生成刀具路径，如图 2-31 所示。

单击"确认"按钮，系统弹出"刀轨可视化"对话框，选择 3D 动态，单击"播放"按钮，仿真结果如图 2-32 所示，三次单击"确定"按钮，完成底面精加工工序的创建。

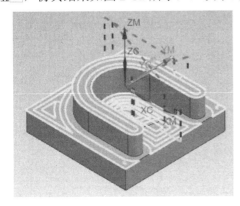

图 2-31　生成刀具路径

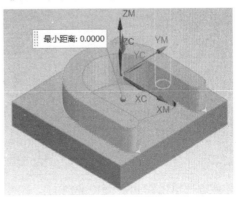

图 2-32　仿真结果

2.1.11　创建侧壁精加工工序

再次复制平面铣粗加工工序 PLANAR_MILL ，结果如图 2-33 所示。双击 PLANAR_MILL_COPY_1 ，
系统弹出"平面铣 -[PLANAR_MILL_COPY_1]"对话框，如图 2-34 所示设置。

图 2-33　再次复制平面铣粗加工工序

图 2-34　"平面铣 -[PLANAR_MILL_COPY_1]"对话框

选择"进给率和速度"选项卡，如图 2-35 所示设置进给率和速度。

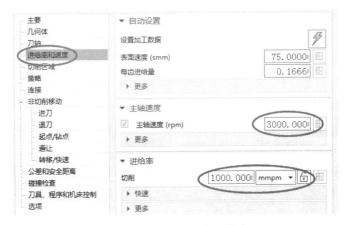

图 2-35 设置进给率和速度

选择"非切削移动"下的"进刀"选项卡，如图 2-36 所示设置。

图 2-36 设置进刀

单击"平面铣 -[PLANAR_MILL_COPY_1]"对话框中的"生成"按钮，系统生成刀具路径，如图 2-37 所示。

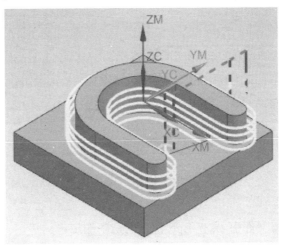

图 2-37 生成刀具路径

单击"确认"按钮💿，系统弹出"刀轨可视化"对话框，选择 3D 动态，单击"播放"按钮▶，仿真结果如图 2-38 所示，三次单击"确定"按钮，完成侧壁精加工工序的创建，最后结果如图 2-39 所示。

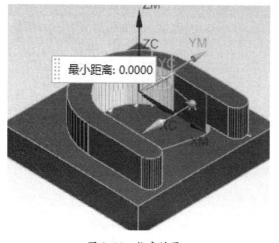

图 2-38　仿真结果

图 2-39　各粗、精加工工序

2.1.12　后处理

在工序导航器 - 程序视图中选择 NC_PROGRAM，单击 🔚 后处理按钮，系统弹出"后处理"对话框，如图 2-40 所示，选择定制的专用后处理，后处理结果如图 2-41 所示。

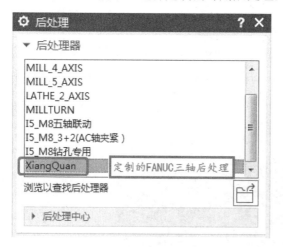

图 2-40　"后处理"对话框

图 2-41　后处理结果

2.1.13　练习与思考

1. 请完成下载练习文件中 exe2_1.prt 部件的铣削加工。
2. 请完成下载练习文件中 exe2_2.prt 部件的铣削加工。

2.2 实例 2：台阶模具的加工

台阶模具是一个典型的平面零件，看起来形状较复杂，但加工方法与简单平面零件相似。通过本实例的学习，可熟练掌握复杂平面零件粗、精加工方法和平面文本的加工方法。

2.2.1 打开源文件

打开源文件：台阶模具 .prt，结果如图 2-42 所示。

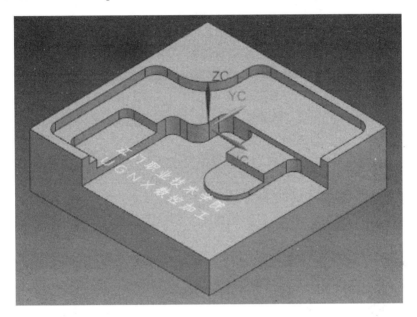

图 2-42 台阶模具

2.2.2 部件分析

利用"分析"—"测量"命令可以测量部件长 × 宽 × 高为 152.4mm×152.4mm×44.45mm，利用"分析"—"局部半径"命令可以测量最小圆角半径为 6.35mm。

2.2.3 绘制毛坯

毛坯六个面可以先在普通机床上加工好，然后在数控铣床上进行台阶的加工，所以毛坯侧面和底面余量可以为零，顶面留有合适余量即可，基于以上考虑，毛坯尺寸确定为 152.4mm×152.4mm×45mm。

选择"应用模块"—"建模"，进入建模模块，选择"菜单"—"插入"—"设计特征"—"块"，系统弹出"块"对话框，如图 2-43 所示设置。

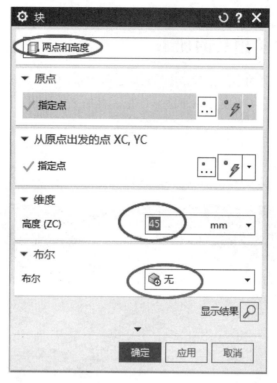

图 2-43 "块"对话框

如图 2-44 所示，选择部件底面两对角点，单击"块"对话框的"确定"按钮，完成毛坯的绘制。

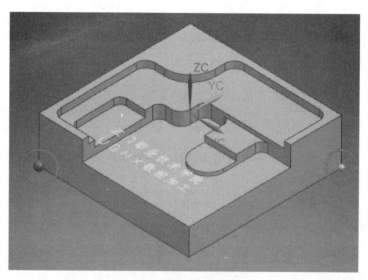

图 2-44 选择部件底面对角点

选择毛坯几何体，选择"菜单"—"编辑"—"对象显示"，系统弹出"编辑对象显示"对话框，将毛坯透明度设为 60，单击"确定"按钮，将毛坯半透明显示。

在"部件导航器"中，隐藏部件仅显示毛坯，结果如图 2-45 所示。

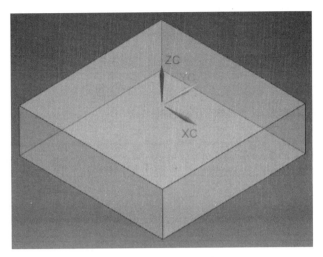

图 2-45　毛坯几何体

2.2.4　加工环境配置

选择"应用模块"—"加工"，进入加工模块，系统弹出"加工环境"对话框，如图 2-46 所示设置，单击"确定"按钮，完成加工环境配置。

图 2-46　加工环境配置

2.2.5　设置加工坐标系

在工序导航器-几何视图中双击 <MCS_LOCAL，系统弹出"MCS Local"对话框，单击"坐标系对话框"按钮 ，系统弹出"坐标系"对话框，如图 2-47 所示设置，两次单击"确定"按钮，完成加工坐标系的设置，结果如图 2-48 所示。

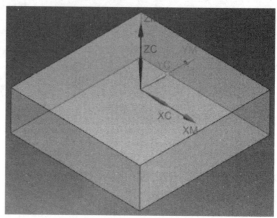

图 2-47　"坐标系"对话框　　　　　　　　　图 2-48　加工坐标系

说明：WCS 原点位于部件上表面中心，MCS 与 WCS 重合。

2.2.6　指定部件、毛坯几何体

在工序导航器-几何视图中双击 WORKPIECE，系统弹出"工件"对话框，单击"指定毛坯"按钮 ，选择毛坯，单击"确定"按钮，单击"指定部件"按钮 ，选择部件（按 <Ctrl+Shift+B> 键可显示），单击"确定"按钮，完成部件、毛坯几何体的指定。

2.2.7　创建铣削边界几何体

单击 按钮，系统弹出"创建几何体"对话框，如图 2-49 所示设置，单击"确定"按钮，系统弹出"铣削边界"对话框，如图 2-50 所示。

单击"指定部件边界"按钮 ，系统弹出"部件边界"对话框，如图 2-51 所示。

选择第一个水平面，如图 2-52 所示，单击"部件边界"对话框的"添加新集"按钮 ；选择第二个水平面，单击"添加新集"按钮 ；选择第三个水平面，依此类推直至选择完全部 6 个水平面，单击"部件边界"对话框的"确定"按钮完成部件边界的指定。

图 2-49 "创建几何体"对话框

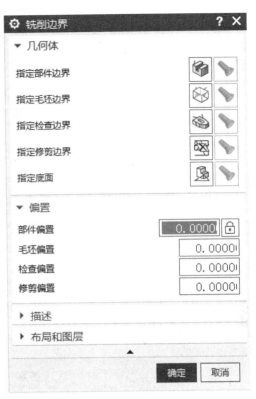

图 2-50 "铣削边界"对话框

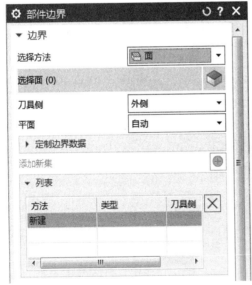

图 2-51 "部件边界"对话框

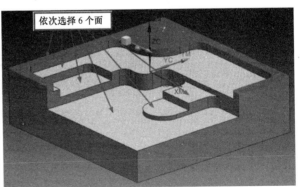

图 2-52 指定部件边界

　　单击"指定底面"按钮，系统弹出"平面"对话框，选择图 2-53 所示底面，单击"确定"按钮，完成底面的指定。

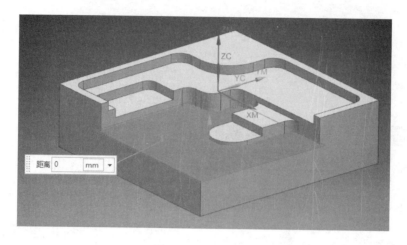

图 2-53　指定底面

按 <Ctrl+Shift+B> 键隐藏部件显示毛坯，单击"指定毛坯边界"按钮⊗，系统弹出"毛坯边界"对话框，选择图 2-54 所示毛坯上表面，两次单击"确定"按钮，完成铣削边界的指定。

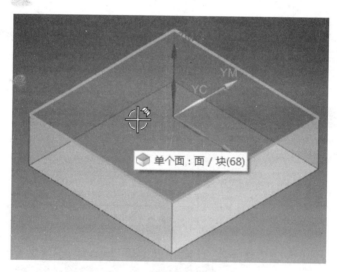

图 2-54　选择毛坯上表面

2.2.8　创建刀具

按 <Ctrl+Shift+B> 键隐藏毛坯显示部件，工序导航器切换到机床视图，单击 按钮，系统弹出"创建刀具"对话框，如图 2-55 所示设置，单击"确定"按钮，系统弹出"铣刀-5参数"对话框，如图 2-56 所示设置刀具参数，单击"确定"按钮，完成平底刀 D12R0 的创建。

单击 按钮，系统弹出"创建刀具"对话框，如图 2-57 所示设置，单击"确定"按钮，系统弹出"铣刀-5 参数"对话框，如图 2-58 所示设置刀具参数，单击"确定"按钮，完成平底刀 D8R0 的创建。

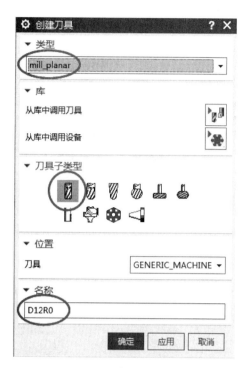

图 2-55 "创建刀具"对话框 1

图 2-56 "铣刀-5 参数"对话框 1

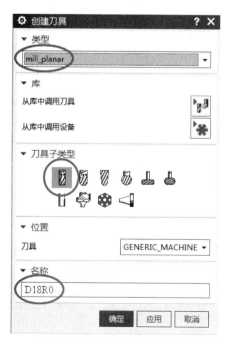

图 2-57 "创建刀具"对话框 2

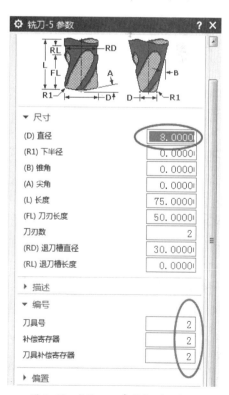

图 2-58 "铣刀-5 参数"对话框 2

单击 按钮，系统弹出"创建刀具"对话框，如图 2-59 所示设置，单击"确定"按钮，系统弹出"铣刀-球头铣"对话框，如图 2-60 所示设置刀具参数，单击"确定"按钮，完成球刀 BALL_0.5 的创建。

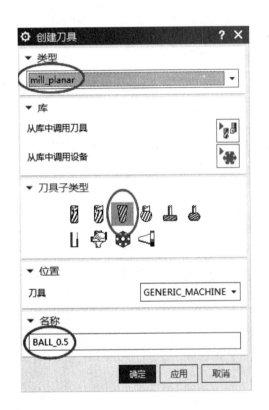

图 2-59 "创建刀具"对话框 3   图 2-60 "铣刀-球头铣"对话框

2.2.9 创建平面铣粗加工工序

单击 按钮，系统弹出"创建工序"对话框，选择基本平面铣工序子类型，如图 2-61 所示设置参数，单击"确定"按钮，系统弹出"平面铣 -[PLANAR_MILL]"对话框，如图 2-62 所示设置。

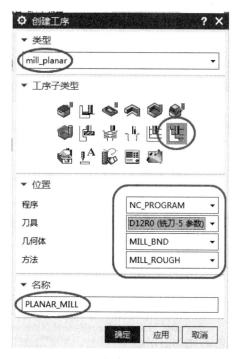

图 2-61 "创建工序"对话框

图 2-62 "平面铣 -[PLANAR_MILL]"对话框

选择"进给率和速度"选项卡，如图 2-63 所示设置。

图 2-63　设置进给率和速度

选择"策略"选项卡，如图 2-64 所示设置。

图 2-64　设置刀路方向

单击"平面铣"对话框的"生成"按钮，系统生成刀具路径，如图 2-65 所示。

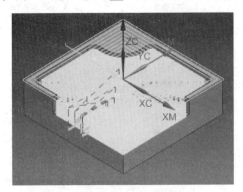

图 2-65　生成刀具路径

单击"确认"按钮，系统弹出"刀轨可视化"对话框，选择 3D 动态，单击"播放"按钮，仿真结果如图 2-66 所示，三次单击"确定"按钮，完成平面铣粗加工工序的创建，结果如图 2-67 所示。

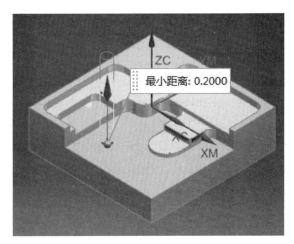

图 2-66　仿真结果

图 2-67　平面铣粗加工工序

2.2.10　创建底面精加工工序

复制刚刚创建的平面铣粗加工工序 PLANAR_MILL，结果如图 2-68 所示。双击 PLANAR_MILL_COPY，系统弹出"平面铣 -[PLANAR_MILL_COPY]"对话框，如图 2-69 所示设置。

图 2-68　复制平面铣粗加工工序

图 2-69 "平面铣 -[PLANAR_MILL_COPY]"对话框

选择"进给率和速度"选项卡，如图 2-70 所示设置进给率和速度。

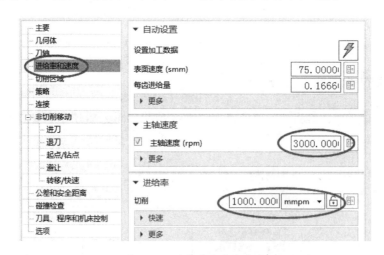

图 2-70 设置进给率和速度

单击"平面铣 -[PLANAR_MILL_COPY]"对话框的"生成"按钮，系统生成刀具路径，如图 2-71 所示。

单击"确认"按钮，系统弹出"刀轨可视化"对话框，选择3D 动态，单击"播放"按钮，仿真结果如图 2-72 所示，三次单击"确定"按钮，完成底面精加工工序的创建。

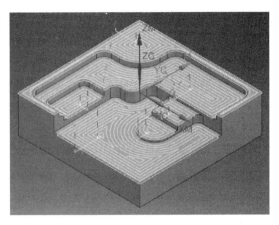

图 2-71　生成刀具路径

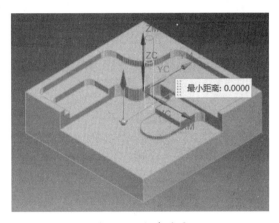

图 2-72　仿真结果

2.2.11　创建侧壁精加工工序

再次复制平面铣粗加工工序 ⌐ PLANAR_MILL，结果如图 2-73 所示。双击 ⊘⌐ PLANAR_MILL_COPY_1，系统弹出"平面铣 -[PLANAR_MILL_COPY_1]"对话框，如图 2-74 所示设置。

图 2-73　再次复制平面铣粗加工工序

图 2-74 "平面铣 -[PLANAR_MILL_COPY_1]"对话框

选择"进给率和速度"选项卡，如图 2-75 所示设置进给率和速度。

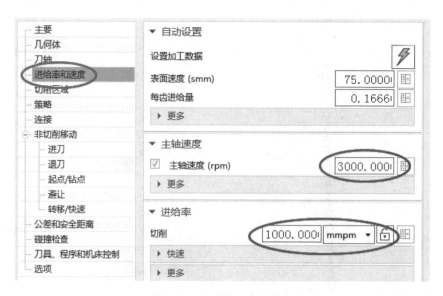

图 2-75 设置进给率和速度

单击"平面铣"对话框的"生成"按钮![icon]，系统生成刀具路径，如图 2-76 所示。

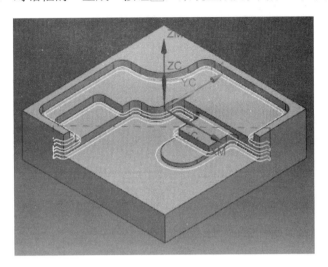

图 2-76　生成刀具路径

单击"确认"按钮![icon]，系统弹出"刀轨可视化"对话框，选择 3D 动态 ，单击"播放"按钮![icon]，仿真结果如图 2-77 所示，三次单击"确定"按钮，完成侧壁精加工工序的创建，结果如图 2-78 所示。

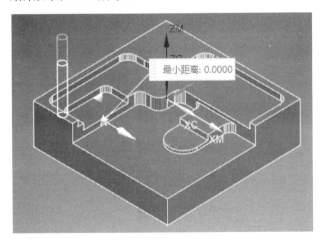

图 2-77　仿真结果

图 2-78　侧壁精加工工序

2.2.12　创建平面文本加工工序

单击![icon]按钮，系统弹出"创建工序"对话框，选择平面文本工序子类型![icon]，如图 2-79 所示设置参数，单击"确定"按钮，系统弹出"平面文本 -[PLANAR_TEXT]"对话框，如图 2-80 所示设置文本深度。

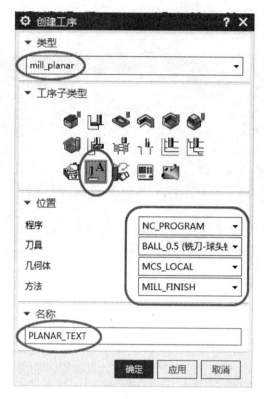

图 2-79 "创建工序"对话框

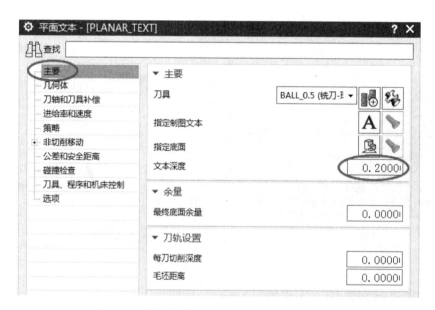

图 2-80 "平面文本 -[PLANAR_TEXT]"对话框

单击"指定制图文本"按钮**A**，系统弹出"文本几何体"对话框，选择图2-81所示文本（若文本未显示按 <Ctrl+Shift+B> 键），单击"文本几何体"对话框的"确定"按钮，完成制图文本的指定。

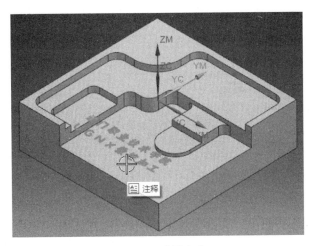

图 2-81　选择文本

在"平面文本"对话框中单击"指定底面"按钮 ，系统弹出图 2-82 所示"平面"对话框，选择图 2-83 所示部件底面，单击"平面"对话框的"确定"按钮，返回"平面文本"对话框。

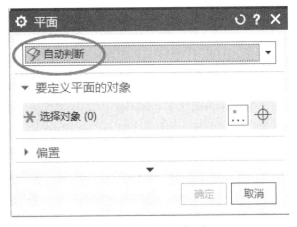

图 2-82　"平面"对话框

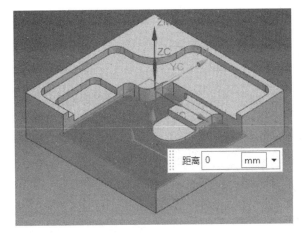

图 2-83　选择底面

数控加工实例教程

选择"进给率和速度"选项卡，如图 2-84 所示设置进给率和速度。

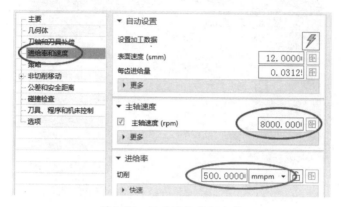

图 2-84　设置进给率和速度

选择"非切削移动"下的"进刀"选项卡，如图 2-85 所示设置。

图 2-85　设置进刀类型

单击"平面文本"对话框的"生成"按钮 ⊞，系统生成刀具路径，如图 2-86 所示。

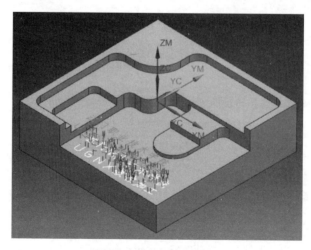

图 2-86　生成刀具路径

单击"确认"按钮 ，系统弹出"刀轨可视化"对话框，选择 3D 动态 ，单击"播放"按钮 ▶ ，仿真结果如图 2-87 所示，三次单击"确定"按钮，完成平面文本加工工序的创建，结果如图 2-88 所示。

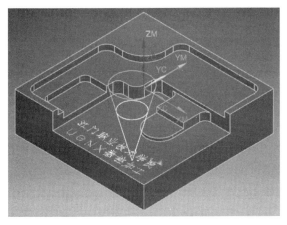

图 2-87　仿真结果

图 2-88　平面文本加工工序

2.2.13　后处理

在工序导航器 - 程序视图中选择 NC_PROGRAM，单击 后处理 按钮，系统弹出"后处理"对话框，如图 2-89 所示，选择定制的专用后处理，后处理结果如图 2-90 所示。

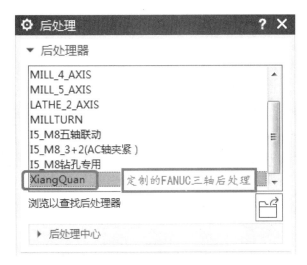

图 2-89　"后处理"对话框

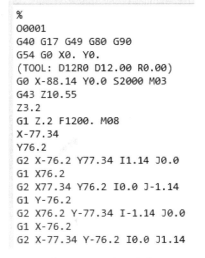

图 2-90　后处理结果

2.2.14　练习与思考

1. 请完成下载练习文件中 exe2_3.prt 部件的铣削加工。
2. 请完成下载练习文件中 exe2_4.prt 部件的铣削加工。

第**3**章

曲面零件的加工

轮廓铣包括型腔铣和固定轮廓铣，型腔铣一般用于曲面零件的粗加工以及直壁或斜度不大的侧壁的精加工，固定轮廓铣一般用于曲面的半精加工和精加工。

3.1 实例1：数控技能考证零件的加工

本实例为数控技能考证零件，粗加工选择型腔铣，平面部分精加工选择底壁铣，曲面部分精加工选择区域轮廓铣。

3.1.1 打开源文件

打开源文件：数控考证.prt，结果如图3-1所示。

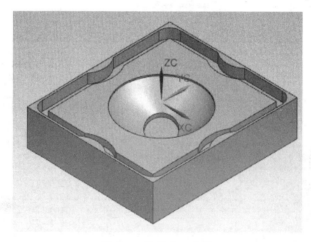

图 3-1 数控考证零件

3.1.2 部件分析

利用"分析"—"测量"命令可以测量部件长×宽×高为150mm×170mm×41mm，槽宽为10.05mm。

3.1.3 绘制毛坯

毛坯五个面可以先在普通机床上加工至尺寸,上表面留有合理余量,然后在数控铣床上进行加工,基于以上考虑,毛坯尺寸确定为 150mm×170mm×42mm。

选择"应用模块"—"建模",进入建模模块,选择"菜单"—"插入"—"设计特征"—"块",系统弹出"块"对话框,如图 3-2 所示设置参数。

图 3-2 "块"对话框

如图 3-3 所示,选择部件几何体左下角点,单击"确定"按钮,完成毛坯的绘制,并将毛坯半透明显示,结果如图 3-4 所示。

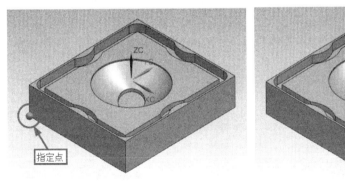

图 3-3 指定点

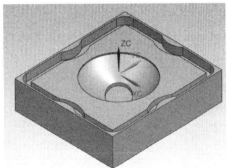

图 3-4 绘制毛坯

3.1.4 加工环境配置

选择"应用模块"—"加工",启动加工运用模块,系统弹出"加工环境"对话框,

数控加工实例教程

如图 3-5 所示设置，单击"确定"按钮，完成加工环境配置。

图 3-5　加工环境配置

3.1.5　设置加工坐标系

工序导航器切换到几何视图，如图 3-6 所示，双击 MCS_MILL，系统弹出"MCS 铣削"对话框，如图 3-7 所示，单击"坐标系对话框"按钮 。

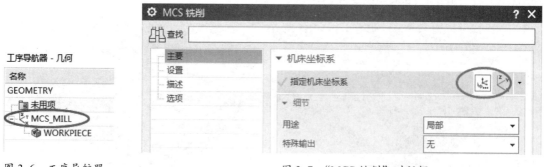

图 3-6　工序导航器 -
　　几何视图

图 3-7　"MCS 铣削"对话框

系统弹出"坐标系"对话框，如图 3-8 所示，单击"点对话框"按钮，系统弹出"点"对话框，如图 3-9 所示设置。

为便于选择，隐藏部件仅显示毛坯，如图 3-10 所示，分别选择毛坯顶面的两个对角点，三次单击"确定"按钮，指定毛坯顶面中心为加工坐标系原点，结果如图 3-11 所示。

图 3-8 "坐标系"对话框

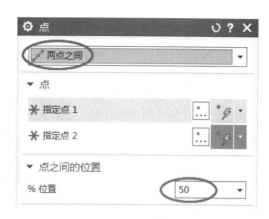

图 3-9 "点"对话框

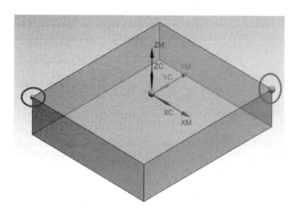

图 3-10 选择毛坯顶面两对角点

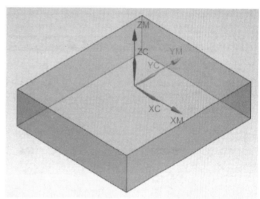

图 3-11 指定加工坐标系原点

3.1.6 指定部件、毛坯几何体

如图 3-12 所示,在工序导航器 - 几何视图中双击 ⊕ WORKPIECE,系统弹出"工件"对话框,如图 3-13 所示。单击"指定毛坯"按钮 ⊗,选择毛坯,按 <Ctrl+Shift+B> 键显示部件隐藏毛坯,单击"指定部件"按钮 ⊜,选择部件,两次单击"确定"按钮,完成部件、毛坯几何体指定。

图 3-12 工序导航器 - 几何视图

图 3-13 "工件"对话框

3.1.7 创建刀具

工序导航器切换到机床视图，单击 按钮，系统弹出"创建刀具"对话框，如图 3-14 所示设置，单击"确定"按钮，系统弹出"铣刀 -5 参数"对话框，如图 3-15 所示设置刀具参数，单击"确定"按钮，完成平底刀 D12R0 的创建。

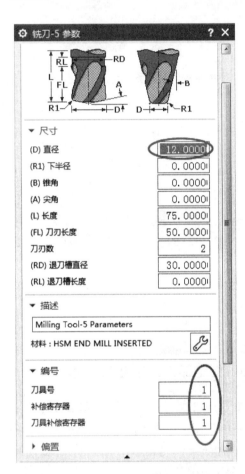

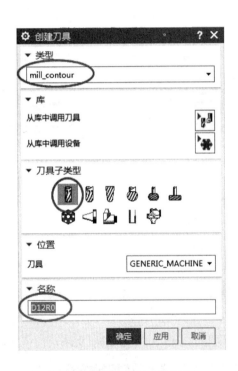

图 3-14 "创建刀具"对话框 1   图 3-15 "铣刀 -5 参数"对话框 1

单击 按钮，系统弹出"创建刀具"对话框，如图 3-16 所示设置，单击"确定"按钮，系统弹出"铣刀 -5 参数"对话框，如图 3-17 所示设置刀具参数，单击"确定"按钮，完成平底刀 D8R0 的创建。

单击 按钮，系统弹出"创建刀具"对话框，如图 3-18 所示设置，单击"确定"按钮，系统弹出"铣刀 - 球头铣"对话框，如图 3-19 所示设置刀具参数，单击"确定"按钮，完成 R4 球刀的创建。

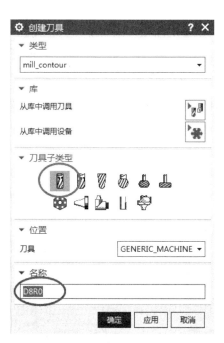

图 3-16 "创建刀具"对话框 2

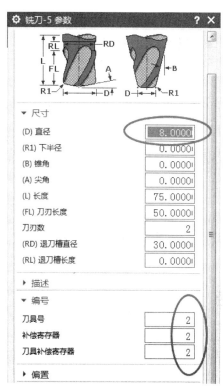

图 3-17 "铣刀 -5 参数"对话框 2

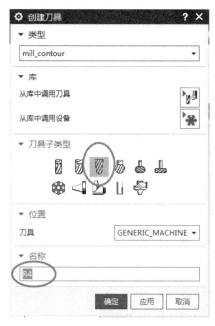

图 3-18 "创建刀具"对话框 3

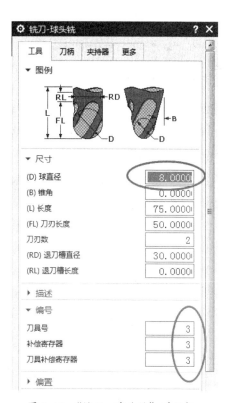

图 3-19 "铣刀 - 球头铣"对话框

3.1.8 创建型腔铣粗加工工序

单击 按钮，系统弹出"创建工序"对话框，选择基本型腔铣工序子类型，如图3-20所示设置参数，单击"确定"按钮，系统弹出"型腔铣-[CAVITY_MILL]"对话框，如图3-21所示。

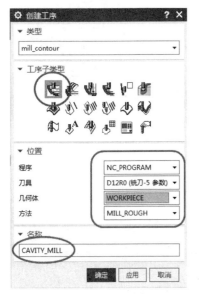 

图 3-20 "创建工序"对话框　　　　　图 3-21 "型腔铣-[CAVITY_MILL]"对话框

选择"几何体"选项卡，如图3-22所示设置余量。选择"进给率和速度"选项卡，如图3-23所示设置主轴速度和进给率。

选择"策略"选项卡，如图3-24所示设置参数。选择"非切削移动"下的"进刀"选项卡，如图3-25所示设置。

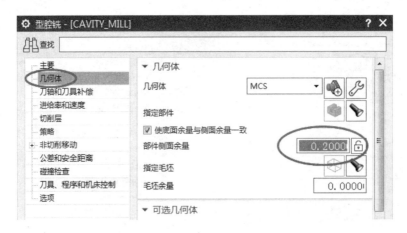

图 3-22 设置余量

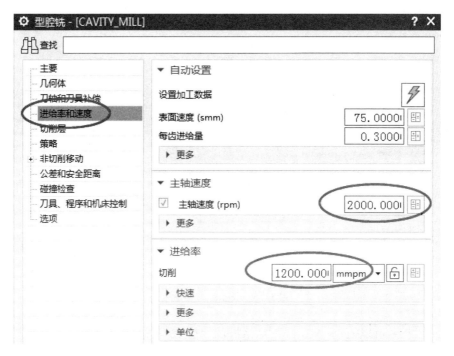

图 3-23　设置主轴速度和进给率

图 3-24　"策略"选项卡

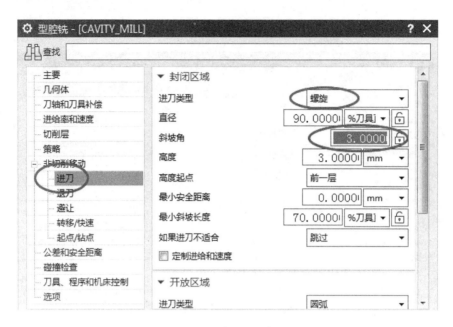

图 3-25　设置进刀参数

单击"型腔铣 -[CAVITY_MILL]"对话框的"生成"按钮，生成刀具轨迹，结果如图 3-26 所示。

单击"确认"按钮，系统弹出"刀轨可视化"对话框，选择 3D 动态，单击"播放"按钮，仿真结果如图 3-27 所示，三次单击"确定"按钮，完成型腔铣粗加工工序的创建。

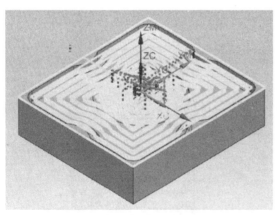

图 3-26　生成刀具轨迹

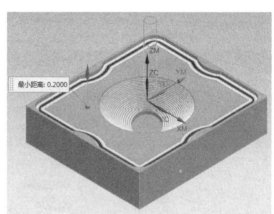

图 3-27　仿真结果

3.1.9　创建剩余铣二次粗加工工序

单击按钮，系统弹出"创建工序"对话框，选择剩余铣工序子类型，如图 3-28 所示设置参数，单击"确定"按钮，系统弹出"剩余铣 -[REST_MILLING]"对话框，如图 3-29 所示。

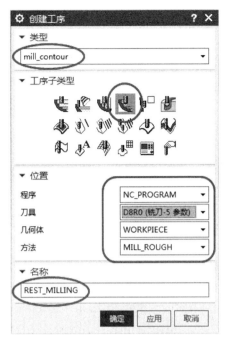

图 3-28　"创建工序"对话框

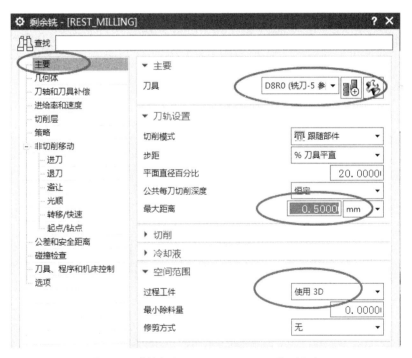

图 3-29　"剩余铣 -[REST_MILLING]"对话框

　　选择"几何体"选项卡，如图 3-30 所示设置余量。单击"指定切削区域"按钮，系统弹出"切削区域"对话框，如图 3-31 所示指定切削区域。单击"确定"按钮返回"剩余铣"对话框。

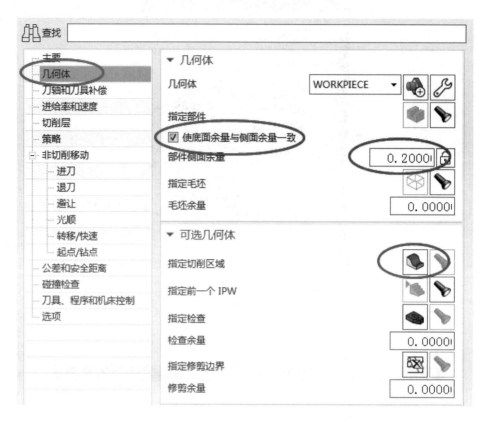

图 3-30　设置余量

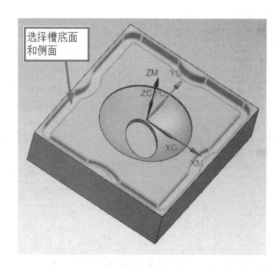

图 3-31　指定切削区域

选择"进给率和速度"选项卡，如图 3-32 所示设置主轴速度和进给率。选择"策略"选项卡，如图 3-33 所示设置参数。

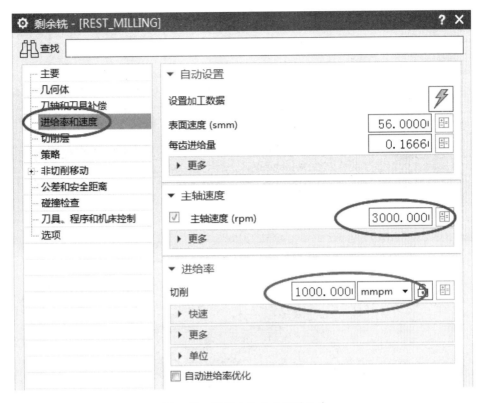

图 3-32　设置主轴速度和进给率

图 3-33　"策略"选项卡

　　选择"非切削移动"下的"进刀"选项卡，如图 3-34 所示设置。单击"剩余铣"对话框的"生成"按钮，系统生成刀具轨迹，结果如图 3-35 所示。

数控加工实例教程

图 3-34　设置进刀参数

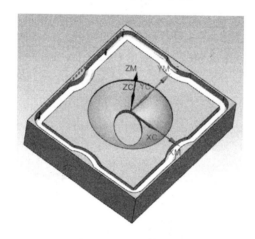

图 3-35　生成刀具轨迹

　　单击"确认"按钮🖱，系统弹出"刀轨可视化"对话框，选择3D 动态，单击"播放"按钮▶，仿真结果如图 3-36 所示，三次单击"确定"按钮，完成剩余铣粗加工工序的创建。

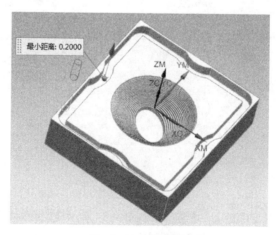

图 3-36　仿真结果

3.1.10 创建区域轮廓铣精加工工序

单击 按钮，系统弹出"创建工序"对话框，选择区域轮廓铣工序子类型，如图 3-37 所示设置参数，单击"确定"按钮，系统弹出"Area Mill-[AREA_MILL]"对话框，如图 3-38 所示设置。

图 3-37 "创建工序"对话框

图 3-38 "Area Mill-[AREA_MILL]"对话框

数控加工实例教程

选择"几何体"选项卡，如图 3-39 所示设置部件余量。单击"指定切削区域"按钮 🖰，系统弹出"切削区域"对话框，选择图 3-40 所示曲面，单击"确定"按钮，系统返回"Area Mill-[AREA_MILL]"对话框。

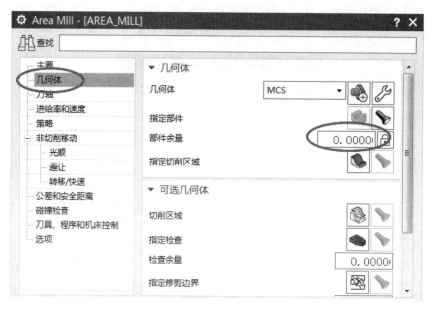

图 3-39　设置部件余量

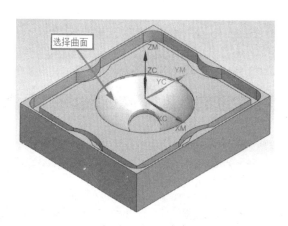

图 3-40　指定切削区域

选择"进给率和速度"选项卡，如图 3-41 所示设置主轴速度和进给率。选择"非切削移动"下的"光顺"选项卡，如图 3-42 所示设置。

单击"Area Mill-[AREA_MILL]"对话框的"生成"按钮 🖺，系统生成刀具轨迹，结果如图 3-43 所示。

单击"确认"按钮 🖲，系统弹出"刀轨可视化"对话框，选择 3D 动态，单击"播放"按钮 ▶，仿真结果如图 3-44 所示，三次单击"确定"按钮，完成区域轮廓铣精加工工序的创建。

图 3-41　设置主轴速度和进给率

图 3-42　光顺连接

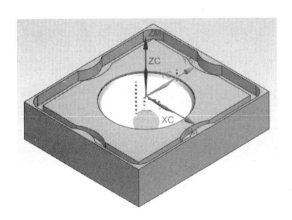

图 3-43　生成刀具轨迹

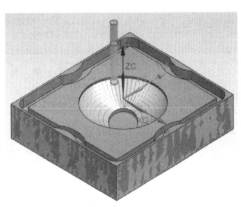

图 3-44　仿真结果

3.1.11 创建剩余铣精加工工序 1

复制前面创建的剩余铣粗加工工序，结果如图 3-45 所示。双击复制的工序，系统弹出"剩余铣"对话框，如图 3-46 所示设置。

图 3-45 复制剩余铣粗加工工序

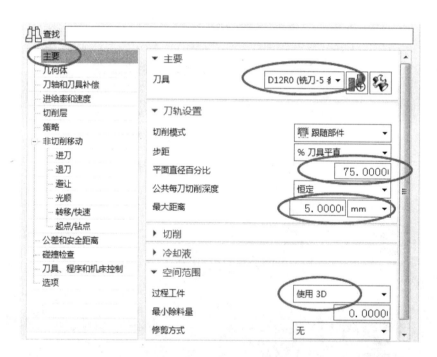

图 3-46 重新选择刀具和切削参数

选择"几何体"选项卡，如图 3-47 所示设置余量并删除切削区域。选择"进给率和速度"选项卡，如图 3-48 所示设置主轴速度和进给率。

单击"剩余铣"对话框的"生成"按钮，系统生成刀具轨迹，结果如图 3-49 所示。

单击"确认"按钮，系统弹出"刀轨可视化"对话框，选择 3D 动态，单击"播放"按钮，仿真结果如图 3-50 所示，三次单击"确定"按钮，完成剩余铣精加工工序的创建。

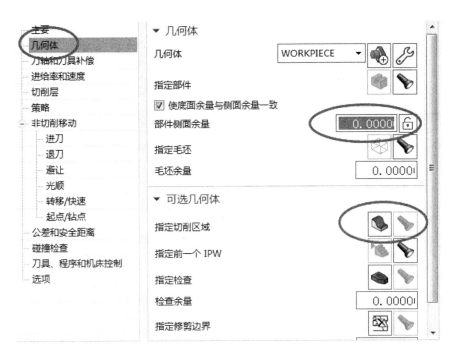

图 3-47 "几何体"选项卡

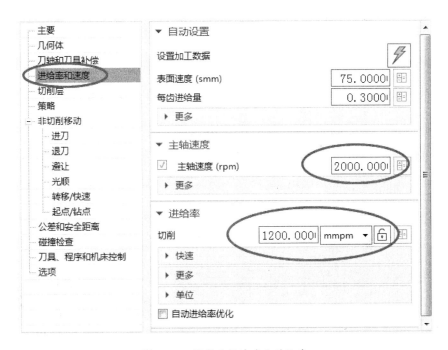

图 3-48 设置主轴速度和进给率

数控加工实例教程

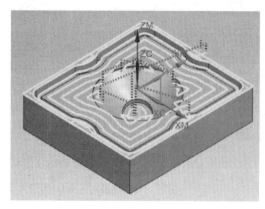

图 3-49　生成刀具轨迹

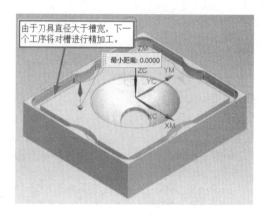

图 3-50　仿真结果

3.1.12　创建剩余铣精加工工序 2

复制刚刚创建的剩余铣精加工工序，结果如图 3-51 所示。双击复制的工序，系统弹出"剩余铣"对话框，如图 3-52 所示设置。

图 3-51　复制剩余铣精加工工序

图 3-52　重新选择刀具

选择"进给率和速度"选项卡，如图 3-53 所示设置主轴速度和进给率。选择"切削层"选项卡，如图 3-54 所示设置参数。

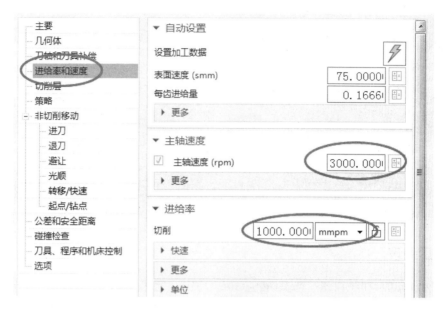

图 3-53　设置主轴速度和进给率

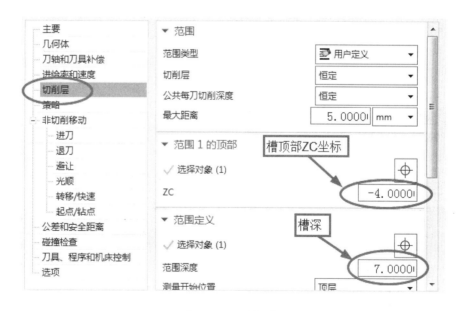

图 3-54　设置切削层

单击"剩余铣"对话框的"生成"按钮，系统生成刀具轨迹，结果如图 3-55 所示。

单击"确认"按钮，系统弹出"刀轨可视化"对话框，选择 3D 动态，单击"**播放**"按钮，仿真结果如图 3-56 所示，三次单击"确定"按钮，完成剩余铣精加工工序的创建。

数控加工实例教程

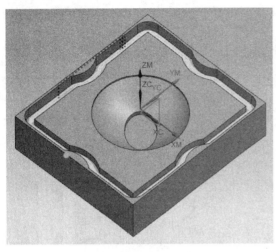

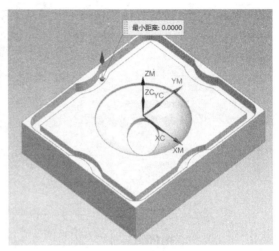

图 3-55　生成刀具轨迹　　　　　　　图 3-56　仿真结果

3.1.13　后处理

在工序导航器 - 程序视图中选择 NC_PROGRAM ，单击后处理按钮 后处理，系统弹出"后处理"对话框，如图 3-57 所示选择定制的专用后处理，后处理结果如图 3-58 所示。

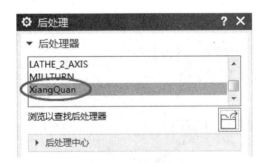

图 3-57　"后处理"对话框

```
%
O0001
G40 G17 G49 G80 G90
G54 G0 X0. Y0.
(TOOL: D12R0 D12.00 R0.00)
G0 X-87. Y-6. S2000 M03
G43 Z10.
Z2.2
G1 Z-.8 F1200. M08
X-81.6
G3 X-75.6 Y0.0 I0.0 J6.
G1 Y85.
G2 X-75. Y85.6 I.6 J0.0
G1 X75.
G2 X75.6 Y85. I0.0 J-.6
G1 Y-85.
G2 X75. Y-85.6 I-.6 J0.0
G1 X-75.
G2 X-75.6 Y-85. I0.0 J.6
```

图 3-58　后处理结果

3.1.14　练习与思考

1. 如何区分平面零件与曲面零件？

2. 比较平面铣和型腔铣的加工特点和适用范围。

3. 请完成下载练习文件中 exe3_1.prt 部件的粗、精加工。

提示：采用型腔铣粗加工、底壁铣精加工平面、深度轮廓铣精加工曲面。

4. 请完成下载练习文件中 exe3_2.prt 部件的粗、精加工。

提示：采用型腔铣粗加工、底壁铣精加工平面、区域轮廓铣精加工曲面、清根参考刀具加工圆角残料

3.2 实例 2：双球面零件的加工

本实例为数控专业实训项目，需两次装夹加工，第一次装夹加工底座，第二次装夹加工圆台和双球面。粗加工选择型腔铣，二次开粗选择剩余铣，平面部分精加工选择底壁铣，曲面部分精加工选择区域轮廓铣。

3.2.1 打开源文件

打开源文件：双球面零件 .prt，结果如图 3-59 所示。

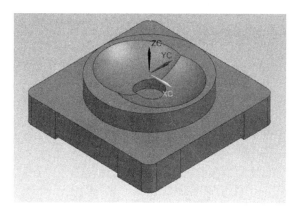

图 3-59 双球面零件

3.2.2 部件分析

利用"分析"—"测量"命令可以测量部件长 × 宽 × 高为 80mm×80mm×25mm，利用"分析"—"局部半径"命令可以测量圆角半径为 5mm。

3.2.3 绘制毛坯

毛坯六个面可以先在普通机床上加工好，并留有合理余量，然后在数控铣床上进行加工，基于以上考虑，毛坯尺寸确定为 82mm×82mm×27mm。

选择"应用模块"—"建模"，进入建模模块，选择"菜单"—"插入"—"偏置 / 缩放"—"包容体"，系统弹出"包容体"对话框，如图 3-60 所示。

如图 3-61 所示，窗选部件几何体，如图 3-60 所示设置"偏置"为 1，单击"包容体"对话框的"确定"按钮，完成毛坯的绘制，结果如图 3-62 所示。

图 3-60 "包容体"对话框

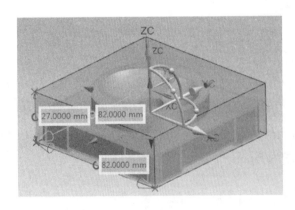

图 3-61 通过"包容体"创建毛坯

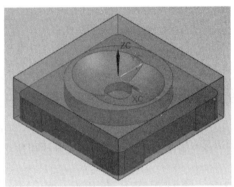

图 3-62 完成毛坯的绘制

3.2.4 加工环境配置

选择"应用模块"—"加工",启动加工运用模块,系统弹出"加工环境"对话框,如图 3-63 所示设置,单击"确定"按钮,完成加工环境配置。

图 3-63　加工环境配置

3.2.5　设置第一次装夹加工坐标系

将工序导航器切换到几何视图，如图 3-64 所示，双击 MCS_MILL，系统弹出"MCS 铣削"对话框，如图 3-65 所示，单击"坐标系对话框"按钮 。

图 3-64　工序导航器 - 几何视图

图 3-65　"MCS 铣削"对话框

系统弹出"坐标系"对话框，如图 3-66 所示，单击"点对话框"按钮，系统弹出"点"

对话框,如图 3-67 所示设置。

 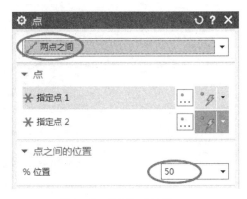

图 3-66 "坐标系"对话框　　　　　　　图 3-67 "点"对话框

　　如图 3-68 所示,分别选择毛坯底面的两个对角点,单击"点"对话框的"确定"按钮,指定毛坯底面中心为加工坐标系原点,结果如图 3-69 所示。

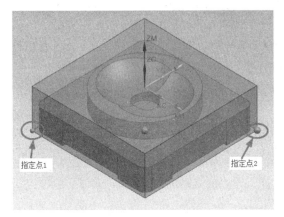 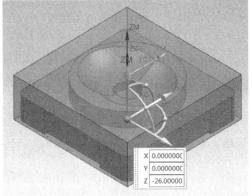

图 3-68 选择毛坯底面两对角点　　　　　图 3-69 指定加工坐标系原点

　　如图 3-70 所示,将加工坐标系绕 YC 轴旋转 180°,单击"坐标系"对话框的"确定"按钮,单击"MCS 铣削"对话框的"确定"按钮,翻转图形后结果如图 3-71 所示。

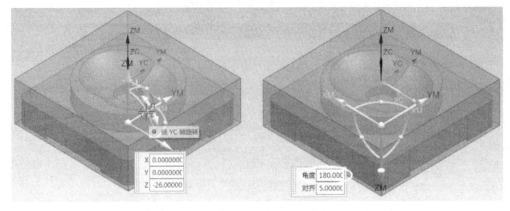

图 3-70 加工坐标系绕 YC 轴旋转 180°

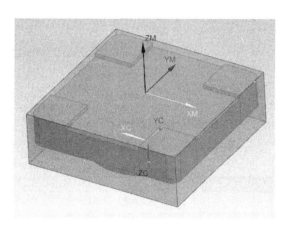

图 3-71　第一次装夹加工坐标系

3.2.6　指定部件、毛坯几何体

如图 3-72 所示，在工序导航器 - 几何视图中双击  WORKPIECE，系统弹出"工件"对话框，如图 3-73 所示。为便于选择，在部件导航器中隐藏毛坯，单击"指定部件"按钮，选择部件，单击"确定"按钮，完成部件几何体的指定。隐藏部件显示毛坯，单击"指定毛坯"按钮，选择毛坯，两次单击"确定"按钮，完成毛坯几何体的指定。最后隐藏毛坯显示部件。

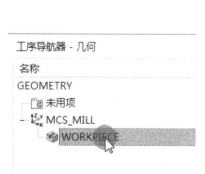

图 3-72　工序导航器 - 几何视图　　　　　图 3-73　"工件"对话框

3.2.7　创建铣削边界几何体

单击 按钮，系统弹出"创建几何体"对话框，如图 3-74 所示设置，单击"确定"按钮，系统弹出"铣削边界"对话框，如图 3-75 所示。

单击"指定部件边界"按钮，系统弹出图 3-76 所示"部件边界"对话框，依次选择图 3-77 所示 5 个面（选择下一个面前单击"添加新集"按钮），单击"确定"按钮，完成部件边界指定，系统返回"平面铣"对话框。

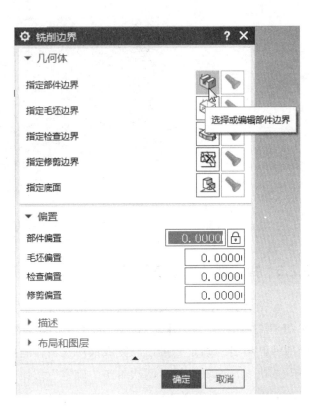

图 3-74 "创建几何体"对话框

图 3-75 "铣削边界"对话框

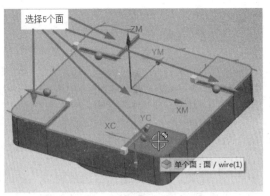

图 3-76 "部件边界"对话框

图 3-77 指定部件边界

单击"指定底面"按钮 🖳，系统弹出图 3-78 所示"平面"对话框，如图 3-79 所示，选择底面并设置"距离"为 1，单击"确定"按钮，完成底面的指定。

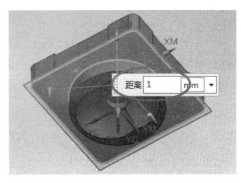

图 3-78 "平面"对话框 　　　　　　　　　　　图 3-79 指定底面

按 <Ctrl+Shift+B> 键显示毛坯隐藏部件，单击"指定毛坯边界"按钮 ⊗，系统弹出"毛坯边界"对话框，如图 3-80 所示。

图 3-80 "毛坯边界"对话框

选择毛坯上表面，如图 3-81 所示，两次单击"确定"按钮，完成铣削边界的指定。

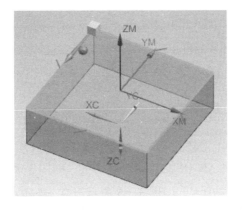

图 3-81 选择毛坯上表面

3.2.8　创建刀具

将工序导航器切换到机床视图，单击 按钮，系统弹出"创建刀具"对话框，如图 3-82 所示设置，单击"确定"按钮，系统弹出"铣刀 -5 参数"对话框，如图 3-83 所示设置刀具参数，单击"确定"按钮，完成平底刀 D12R0 的创建。

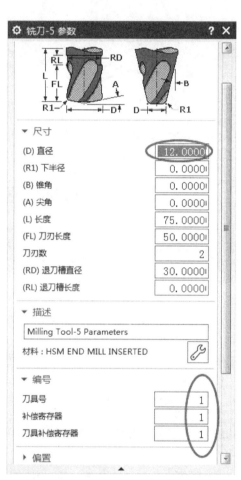

图 3-82　"创建刀具"对话框　　　　图 3-83　"铣刀 -5 参数"对话框

3.2.9　创建平面铣粗加工工序

单击 按钮，系统弹出"创建工序"对话框，如图 3-84 所示设置参数，单击"确定"按钮，系统弹出"平面铣 -[PLANAR_MILL]"对话框，如图 3-85 所示设置参数。

选择"进给率和速度"选项卡，如图 3-86 所示设置主轴速度和进给率；选择"策略"选项卡，如图 3-87 所示设置参数。

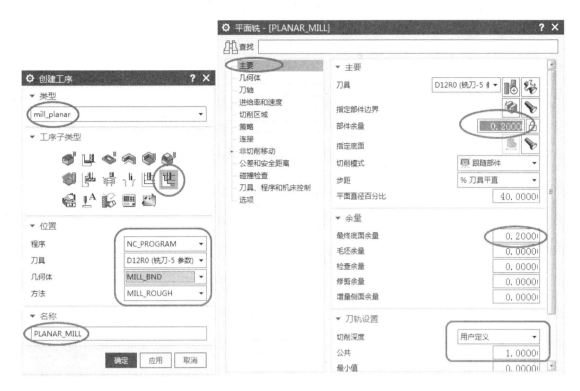

图 3-84 "创建工序"对话框   图 3-85 "平面铣 -[PLANAR_MILL]"对话框

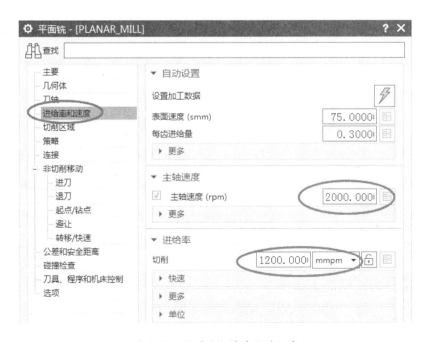

图 3-86 设置主轴速度和进给率

数控加工实例教程

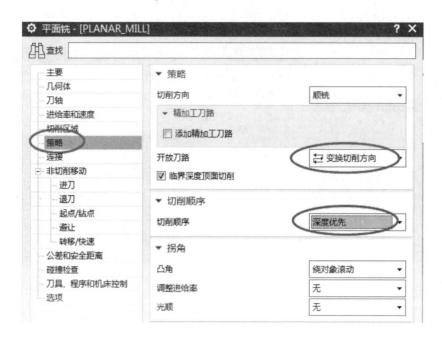

图 3-87　"策略"选项卡

　　单击"平面铣 -[PLANAR_MILL]"对话框的"生成"按钮，系统生成刀具轨迹，显示部件隐藏毛坯，结果如图 3-88 所示。

　　单击"确认"按钮，系统弹出"刀轨可视化"对话框，选择3D 动态，单击"播放"按钮，仿真结果如图 3-89 所示，三次单击"确定"按钮，完成平面铣粗加工工序的创建。

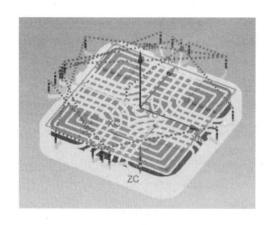

图 3-88　生成刀具轨迹

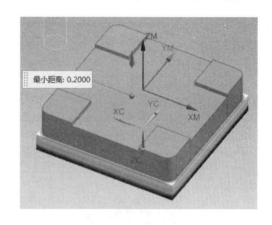

图 3-89　仿真结果

3.2.10　创建平面铣精加工工序

　　复制平面铣粗加工工序，结果如图 3-90 所示。

　　双击复制的工序，系统弹出"平面铣 -[PLANAR_MILL_COPY]"对话框，如图 3-91 所示修改余量和切削深度。选择"公差和安全距离"选项卡，如图 3-92 所示设置内外公差。

图 3-90 复制平面铣粗加工工序

图 3-91 修改余量和切削深度

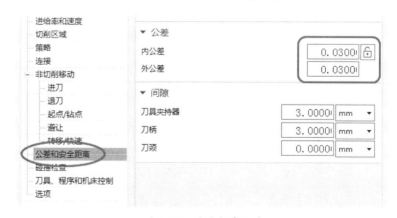

图 3-92 设置内外公差

单击"平面铣 -[PLANAR_MILL_COPY]"对话框的"生成"按钮，系统生成刀具
轨迹，如图 3-93 所示。单击"确认"按钮，系统弹出"刀轨可视化"对话框，选择

3D 动态，单击"播放"按钮▶️，仿真结果如图 3-94 所示，三次单击"确定"按钮，完成平面铣精加工工序的创建。

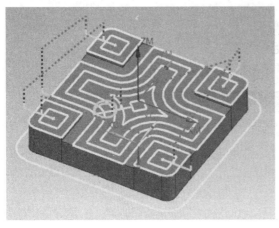

图 3-93　生成刀具轨迹

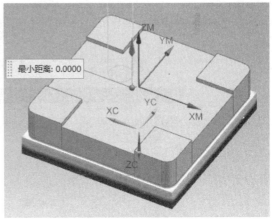

图 3-94　仿真结果

3.2.11　设置第二次装夹加工坐标系

将工序导航器切换到几何视图，如图 3-95 所示。拖动几何体 ⚞ MCS_MILL 与 🔷 WORKPIECE 交换位置，结果如图 3-96 所示，单击"生成刀轨"按钮 ⚡生成刀轨，重新计算刀具路径即可（与之前刀路完全相同）。

图 3-95　工序导航器 - 几何视图

图 3-96　交换几何体位置

说明：交换几何体位置是为了共享 🔷 WORKPIECE 几何体。

单击 🔷 按钮，系统弹出"创建几何体"对话框，如图 3-97 所示设置。单击"确定"按钮，系统弹出"MCS"对话框，如图 3-98 所示。

单击"坐标系对话框"按钮 📐，系统弹出"坐标系"对话框，如图 3-99 所示。选择工件上表面中心，如图 3-100 所示。

图 3-97 "创建几何体"对话框

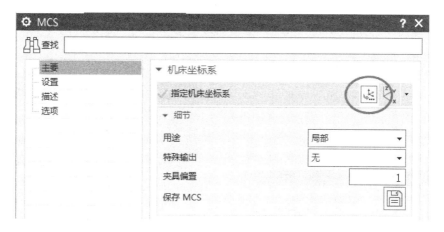

图 3-98 "MCS"对话框

图 3-99 "坐标系"对话框

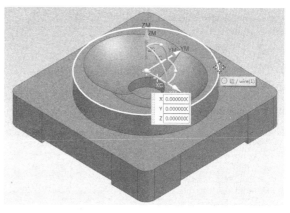

图 3-100 选择工件上表面中心

两次单击"确定"按钮,完成第二次装夹加工坐标系的创建,如图 3-101 所示。

数控加工实例教程

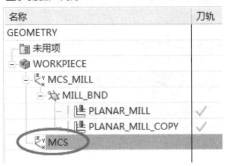

图 3-101　第二次装夹加工坐标系

3.2.12　创建刀具

　　将工序导航器切换到机床视图，单击 按钮，系统弹出"创建刀具"对话框，如图 3-102 所示设置，单击"确定"按钮，系统弹出"铣刀 -5 参数"对话框，如图 3-103 所示设置刀具参数，单击"确定"按钮，完成平底刀 D6R0 的创建。

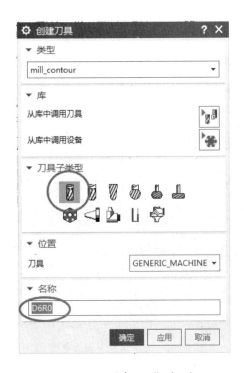

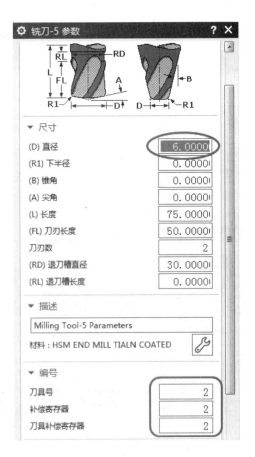

图 3-102　"创建刀具"对话框　　　　　　　图 3-103　"铣刀 -5 参数"对话框

单击 ![]按钮，系统弹出"创建刀具"对话框，如图 3-104 所示设置，单击"确定"按钮，系统弹出"铣刀-5参数"对话框，如图 3-105 所示设置刀具参数，单击"确定"按钮，完成 R3 球刀的创建。

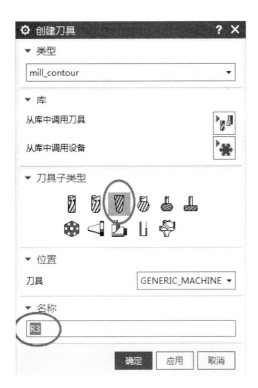

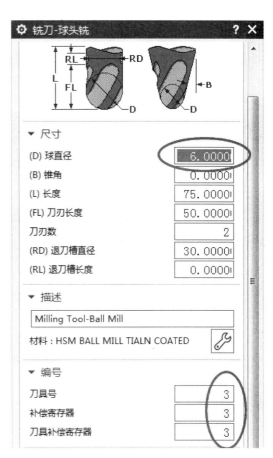

图 3-104 "创建刀具"对话框   图 3-105 "铣刀-球头铣"对话框

3.2.13 创建型腔铣粗加工工序

单击 ![]按钮，系统弹出"创建工序"对话框，选择基本型腔铣工序子类型，如图 3-106 所示设置参数，单击"确定"按钮，系统弹出"型腔铣-[CAVITY_MILL]"对话框，如图 3-107 所示。

选择"几何体"选项卡，如图 3-108 所示设置余量。选择"进给率和速度"选项卡，如图 3-109 所示设置主轴速度和进给率。

选择"切削层"选项卡，如图 3-110 所示移除范围 3 和范围 4。

图 3-106 "创建工序"对话框

图 3-107 "型腔铣-[CAVITY_MILL]"对话框

图 3-108 设置余量

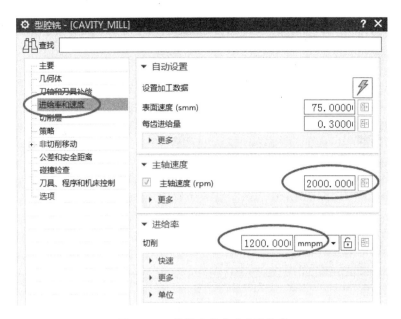

图 3-109　设置主轴速度和进给率

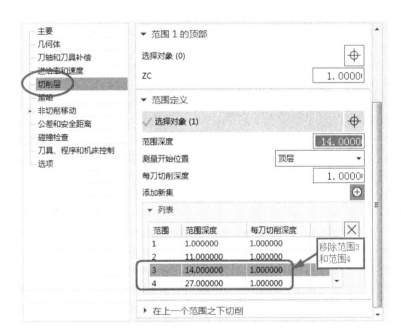

图 3-110　设置切削层

选择"非切削移动"下的"进刀"选项卡，如图 3-111 所示设置进刀。

单击"型腔铣 -[CAVITY_MILL]"对话框的"生成"按钮，系统弹出"工序编辑"信息，单击"确定"按钮，生成刀具轨迹，结果如图 3-112 所示。

单击"确认"按钮，系统弹出"刀轨可视化"对话框，选择 3D 动态，单击"播放"按钮，仿真结果如图 3-113 所示，三次单击"确定"按钮，完成型腔铣粗加工工序的创建。

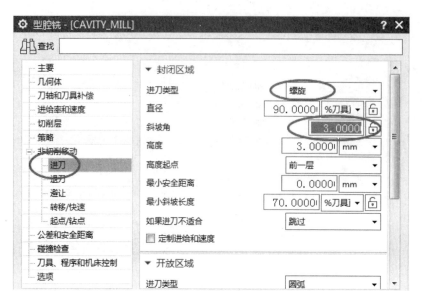

图 3-111　设置进刀参数

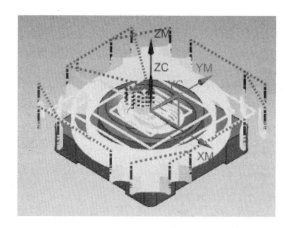

图 3-112　生成刀具轨迹

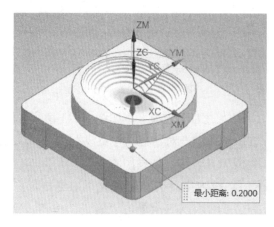

图 3-113　仿真结果

3.2.14 创建剩余铣二次粗加工工序

单击 按钮，系统弹出"创建工序"对话框，选择剩余铣工序子类型，如图 3-114 所示设置参数，单击"确定"按钮，系统弹出"剩余铣 -[REST_MILLING]"对话框，如图 3-115 所示。

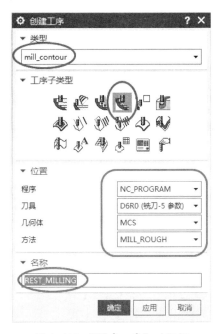

图 3-114 "创建工序"对话框

图 3-115 "剩余铣 -[REST_MILLING]"对话框

数控加工实例教程

选择"几何体"选项卡，如图 3-116 所示设置余量。选择"进给率和速度"选项卡，如图 3-117 所示设置主轴速度和进给率。

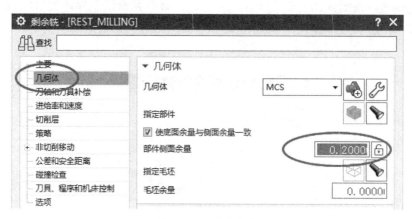

图 3-116　设置余量

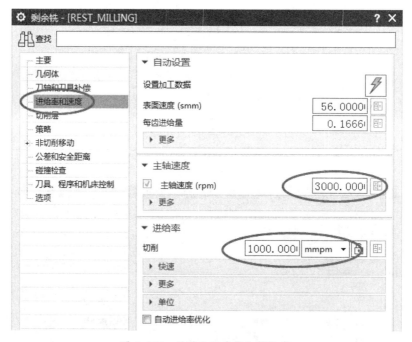

图 3-117　设置主轴速度和进给率

选择"策略"选项卡，如图 3-118 所示设置参数。选择"非切削移动"下的"进刀"选项卡，如图 3-119 所示设置参数。

单击"剩余铣 -[REST_MILLING]"对话框的"生成"按钮，系统生成刀具轨迹，结果如图 3-120 所示。

单击"确认"按钮，系统弹出"刀轨可视化"对话框，选择 3D 动态，单击"播放"按钮，仿真结果如图 3-121 所示，三次单击"确定"按钮，完成剩余铣粗加工工序的创建。

图 3-118 "策略"选项卡

图 3-119 设置进刀参数

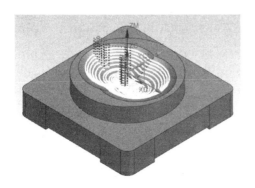

图 3-120 生成刀具轨迹

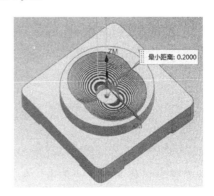

图 3-121 仿真结果

3.2.15　创建底壁铣精加工工序 1

单击 按钮，系统弹出"创建工序"对话框，选择底壁铣工序子类型，如图 3-122 所示设置参数，单击"确定"按钮，系统弹出"底壁铣 -[FLOOR_WALL]"对话框，如图 3-123 所示设置参数。

图 3-122　"创建工序"对话框　　　　　图 3-123　"底壁铣 -[FLOOR_WALL]"对话框

单击"指定切削区底面"按钮 ，系统弹出图 3-124 所示"切削区域"对话框，选择图 3-125 所示 2 个切削区底面，单击"确定"按钮，系统返回"底壁铣 -[FLOOR_WALL]"对话框。

图 3-124　"切削区域"对话框　　　　　图 3-125　指定切削区底面

选择"进给率和速度"选项卡，如图 3-126 所示设置主轴速度和进给率。选择"切削区域"选项卡，如图 3-127 所示设置刀具延展量。

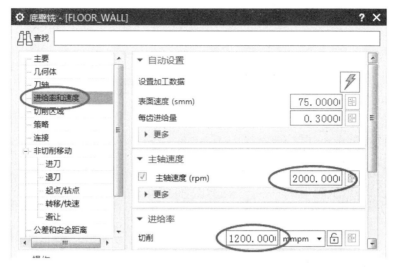

图 3-126　设置主轴速度和进给率

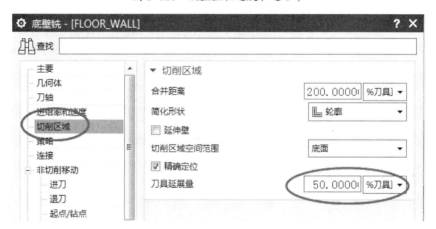

图 3-127　设置刀具延展量

　　选择"策略"选项卡，如图 3-128 所示设置参数。选择"连接"选项卡，如图 3-129 所示设置参数。

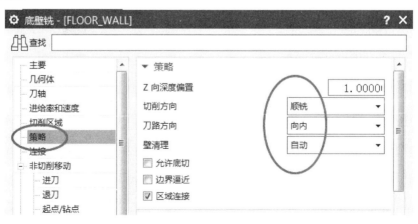

图 3-128　"策略"选项卡

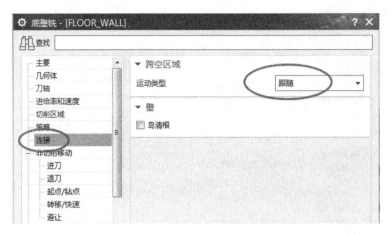

图 3-129 "连接"选项卡

选择"非切削移动"下的"进刀"选项卡，如图 3-130 所示设置。选择"公差和安全距离"选项卡，如图 3-131 所示设置参数。

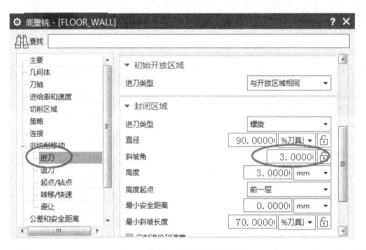

图 3-130 设置进刀参数

图 3-131 设置公差

单击"底壁铣 -[FLOOR_WALL]"对话框的"生成"按钮，系统生成刀具轨迹，结果如图 3-132 所示。

单击"确认"按钮，系统弹出"刀轨可视化"对话框，选择 3D 动态，单击"播放"按钮，仿真结果如图 3-133 所示，三次单击"确定"按钮，完成底壁铣精加工工序的创建。

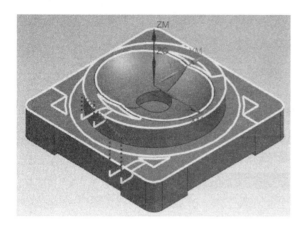
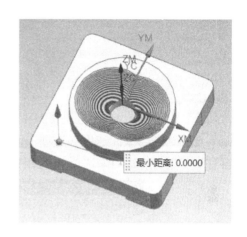

图 3-132　生成刀具轨迹　　　　　　　　图 3-133　仿真结果

3.2.16　创建底壁铣精加工工序 2

复制刚刚创建的底壁铣精加工工序，结果如图 3-134 所示。双击复制的工序，系统弹出"底壁铣 -[FLOOR_WALL_COPY]"对话框，如图 3-135 所示重新选择刀具和切削区底面。

图 3-134　复制底壁铣精加工工序

图 3-135　重新选择刀具和切削区底面

　　选择"进给率和速度"选项卡，如图 3-136 所示设置主轴速度和进给率；选择"非切削移动"下的"进刀"选项卡，如图 3-137 所示设置参数。

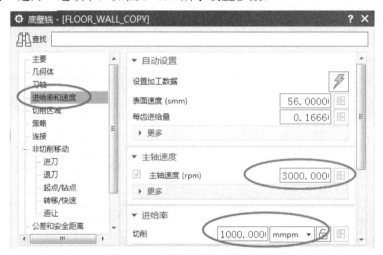

图 3-136　设置主轴速度和进给率

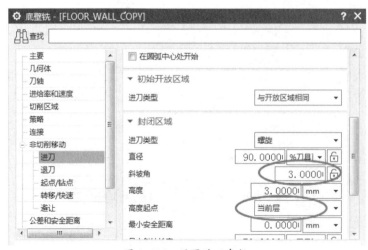

图 3-137　设置进刀参数

单击"底壁铣 -[FLOOR_WALL_COPY]"对话框的"生成"按钮，系统生成刀具轨迹，结果如图 3-138 所示。

单击"确认"按钮，系统弹出"刀轨可视化"对话框，选择 3D 动态，单击"播放"按钮，仿真结果如图 3-139 所示，三次单击"确定"按钮，完成底壁铣精加工工序的创建。

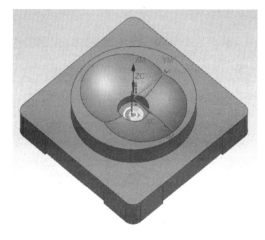

图 3-138 生成刀具轨迹

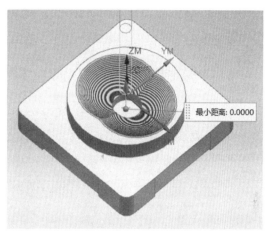

图 3-139 仿真结果

3.2.17 创建区域轮廓铣精加工工序

单击 按钮，系统弹出"创建工序"对话框，选择区域轮廓铣工序子类型，如图 3-140 所示设置参数，单击"确定"按钮，系统弹出"Area Mill-[AREA_MILL]"对话框，如图 3-141 所示设置参数。

图 3-140 "创建工序"对话框   图 3-141 "Area Mill-[AREA_MILL]"对话框

选择"几何体"选项卡,如图 3-142 所示设置部件余量。单击"指定切削区域"按钮 🖱,系统弹出"切削区域"对话框,选择图 3-143 所示 2 个球面,单击"确定"按钮,系统返回"Area Mill-[AREA_MILL]"对话框。

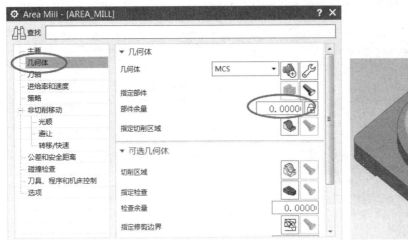

图 3-142　设置部件余量　　　　　　　　　　图 3-143　指定切削区域

选择"进给率和速度"选项卡,如图 3-144 所示设置主轴速度和进给率。选择"非切削移动"下的"光顺"选项卡,如图 3-145 所示设置参数。

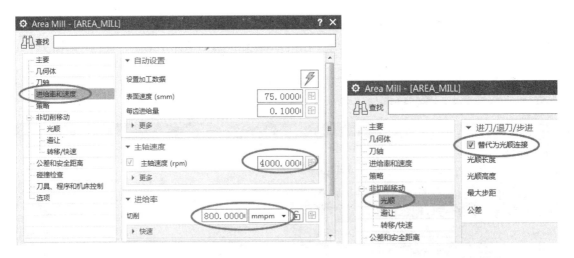

图 3-144　设置主轴速度和进给率　　　　　　图 3-145　光顺连接

单击"Area Mill-[AREA_MILL]"对话框的"生成"按钮 💠,系统生成刀具轨迹,结果如图 3-146 所示。

单击"确认"按钮 🖱,系统弹出"刀轨可视化"对话框,选择 3D 动态,单击"播放"按钮 ▶,仿真结果如图 3-147 所示,三次单击"确定"按钮,完成区域轮廓铣精加工工序的创建。

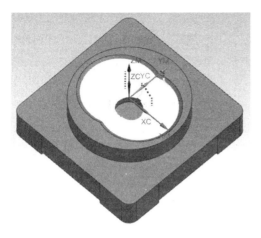

图 3-146　生成刀具轨迹

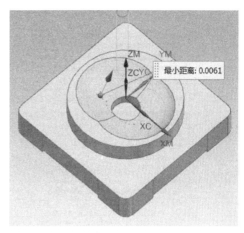

图 3-147　仿真结果

3.2.18　后处理

如图 3-148 所示，在工序导航器 - 几何视图中选择第一次装夹的加工坐标系 MCS_MILL，单击后处理按钮 后处理，系统弹出"后处理"对话框，如图 3-149 所示选择定制的专用后处理，后处理结果如图 3-150 所示。同样，第二次装夹后处理结果如图 3-151 所示。

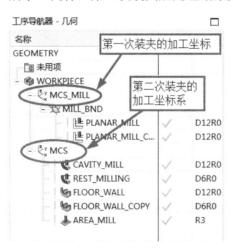

图 3-148　工序导航器 - 几何视图

图 3-149　"后处理"对话框

113

```
%
00001
G40 G17 G49 G80 G90
G54 G0 X0. Y0.
(TOOL: D12R0 D12.00 R0.00)
G0 X-52.84 Y0.0 S2000 M03
G43 Z10.
Z2.2
G1 Z-.8 F1200. M08
X-42.04
Y41.
G2 X-41. Y42.04 I1.04 J0.0
G1 X41.
G2 X42.04 Y41. I0.0 J-1.04
G1 Y-41.
G2 X41. Y-42.04 I-1.04 J0.0
G1 X-41.
G2 X-42.04 Y-41. I0.0 J1.04
```

图 3-150 第一次装夹加工程序

```
%
00001
G40 G17 G49 G80 G90
G54 G0 X0. Y0.
(TOOL: D12R0 D12.00 R0.00)
G0 X-53. Y-6. S2000 M03
G43 Z11.
Z3.2
G1 Z.2 F1200. M08
X-47.6
G3 X-41.6 Y0.0 I0.0 J6.
G1 Y41.
G2 X-41. Y41.6 I.6 J0.0
G1 X41.
G2 X41.6 Y41. I0.0 J-.6
G1 Y-41.
G2 X41. Y-41.6 I-.6 J0.0
G1 X-41.
G2 X-41.6 Y-41. I0.0 J.6
```

图 3-151 第二次装夹加工程序

3.2.19 练习与思考

1．请完成下载文件中 exe3_3.prt 部件的粗、精加工。

提示：可采用型腔铣粗加工、底壁铣精加工平面、深度轮廓铣精加工曲面。

2．请完成下载文件中 exe3_4.prt 部件的粗、精加工。

提示：可采用型腔铣粗加工、底壁铣精加工平面、区域轮廓铣精加工曲面、清根参考刀具加工圆角残料。

第 **4** 章

四轴加工

4.1　实例 1：圆柱凸轮四轴加工

本实例是一个圆柱凸轮零件，毛坯选择棒料，首先在车床上完成端面、外圆、倒角及中心孔的加工，然后用四轴加工中心进行铣削、钻削及雕刻加工。为缩短篇幅，本实例不涉及车削加工。

圆柱凸轮四轴加工工序（步）简略如下：

1）凸轮槽粗加工。

2）凸轮槽左侧面精加工。

3）凸轮槽右侧面精加工。

4）方形槽的铣削加工。

5）ϕ6mm 孔的钻削加工。

6）文字雕刻加工。

4.1.1　打开源文件

打开源文件：圆柱凸轮 .prt，结果如图 4-1 所示。

图 4-1　圆柱凸轮文件

4.1.2 部件分析

利用"分析"—"测量"命令可以测量圆柱凸轮各部分尺寸：大圆柱为 ϕ65mm×70mm，小圆柱为 ϕ25mm×30mm，倒角为 C1mm，凸轮槽宽为 10mm，凸轮槽深为 5mm，方形槽长×宽为 15mm×15mm，方形槽深为 5mm，圆角为 R5mm，孔为 ϕ6mm，孔深为 10mm。

4.1.3 绘制毛坯

选择"应用模块"—"建模"，进入建模模块。

显示 WCS（工作坐标系），并将 WCS 原点指定为部件左端面的中心，如图 4-2 所示。

选择"菜单"—"插入"—"设计特征"—"圆柱"命令，系统弹出"圆柱"对话框，如图 4-3 所示设置参数，单击"确定"按钮，完成大圆柱 ϕ65mm×70mm 的绘制，隐藏部件仅显示毛坯，结果如图 4-4 所示。

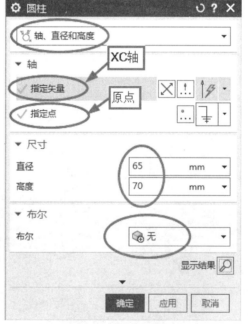

图 4-2　指定 WCS 原点位置　　　　图 4-3　"圆柱"对话框 1　　　　图 4-4　绘制大圆柱

用同样方法绘制小圆柱 ϕ25 mm×30 mm，按图 4-5 所示设置参数，单击"确定"按钮，完成小圆柱的创建，边倒角后结果如图 4-6 所示。

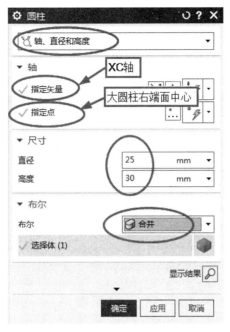

图 4-5 "圆柱"对话框 2

图 4-6 绘制毛坯

4.1.4 加工环境配置

选择"应用模块"—"加工",进入加工模块,系统弹出"加工环境"对话框,如图 4-7 所示设置参数,单击"确定"按钮,完成加工环境配置。

图 4-7 加工环境配置

4.1.5 设置加工坐标系

在图4-8所示工序导航器-几何视图中,双击 ⊕ ᵏₓ MCS,系统弹出"MCS"对话框,如图4-9所示,单击"坐标系对话框"按钮 ⛷ 。

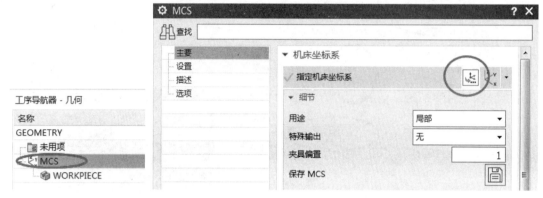

图 4-8　工序导航器－几何视图　　　　　图 4-9　"MCS"对话框

系统弹出"坐标系"对话框,如图4-10所示设置参数,两次单击"确定"按钮,完成加工坐标系原点的指定,结果如图4-11所示。

图 4-10　"坐标系"对话框　　　　　图 4-11　MCS 与 WCS 原点重合

4.1.6 指定毛坯几何体

在工序导航器-几何视图中,双击 ⚙ WORKPIECE,系统弹出"工件"对话框,单击"指定毛坯"按钮 ⬡,选择毛坯,两次单击"确定"按钮,完成毛坯几何体的指定,按 <Ctrl+Shift+B> 键隐藏毛坯显示部件。

4.1.7 创建刀具

在工序导航器中显示机床视图,单击 🔧 按钮,系统弹出"创建刀具"对话框,如图4-12所示设置参数,单击"确定"按钮,系统弹出"铣刀-5 参数"对话框,如图4-13所示设置刀具参数，单击"确定"按钮，完成平底刀 D8R0 的创建。

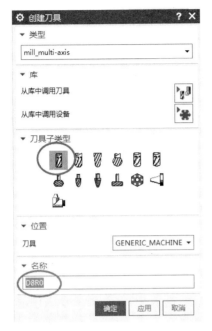

图 4-12 "创建刀具"对话框 1

图 4-13 "铣刀-5 参数"对话框

单击 按钮，系统弹出"创建刀具"对话框，如图 4-14 所示设置参数，单击"确定"按钮，系统弹出"定心钻刀"对话框，如图 4-15 所示设置刀具参数，单击"确定"按钮，完成定心钻 SPOT_DRILL_D6 的创建。

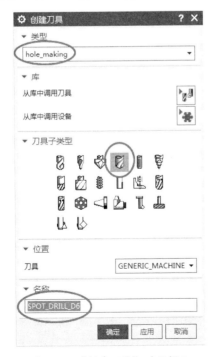

图 4-14 "创建刀具"对话框 2

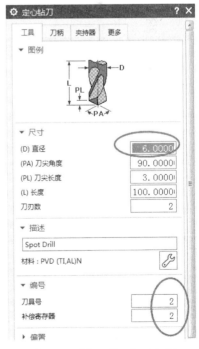

图 4-15 "定心钻刀"对话框

数控加工实例教程

单击 按钮，系统弹出"创建刀具"对话框，如图4-16所示设置参数，单击"确定"按钮，系统弹出"钻刀"对话框，如图4-17所示设置刀具参数，单击"确定"按钮，完成麻花钻 STD_DRILL_D6 的创建。

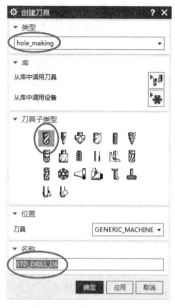

图4-16 "创建刀具"对话框3

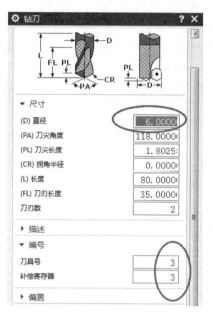

图4-17 "钻刀"对话框

单击 按钮，系统弹出"创建刀具"对话框，如图4-18所示设置参数，单击"确定"按钮，系统弹出"铣刀-球头铣"对话框，如图4-19所示设置刀具参数，单击"确定"按钮，完成 R3 球刀的创建。

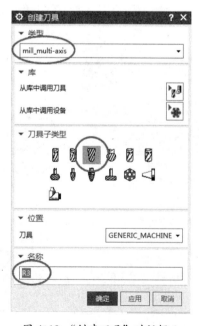

图4-18 "创建刀具"对话框4

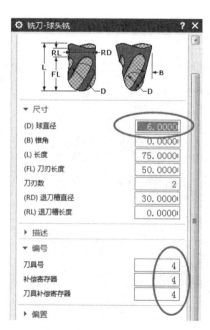

图4-19 "铣刀-球头铣"对话框1

单击 按钮，系统弹出"创建刀具"对话框，如图 4-20 所示设置参数，单击"确定"按钮，系统弹出"铣刀 - 球头铣"对话框，如图 4-21 所示设置刀具参数，单击"确定"按钮，完成 R0.5 球刀的创建。

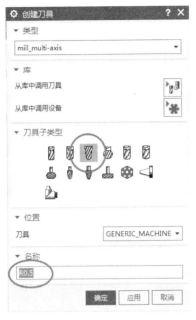

图 4-20 "创建刀具"对话框 5

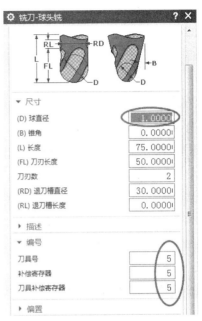

图 4-21 "铣刀 - 球头铣"对话框 2

4.1.8 绘制驱动曲线

单击"在面上偏置曲线"按钮 在面上偏置 （可通过命令查找器找到），系统弹出"在面上偏置曲线"对话框，按图 4-22 所示设置参数。

曲线规则设为 相切曲线 ，如图 4-23 所示，选择凸轮的一段边界曲线，相切边界曲线系统自动选择。

图 4-22 "在面上偏置曲线"对话框

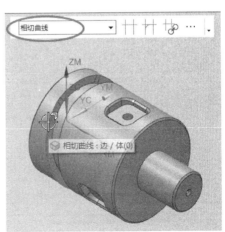

图 4-23 选择凸轮边界曲线

在"在面上偏置曲线"对话框中单击 ✳ 选择面或平面 (0)，面规则选择 相切面 ▼，选择图 4-24 所示圆柱面，系统自动选择相切的面。

若曲线偏置方向不对，单击"反向"按钮 ⊠，在"在面上偏置曲线"对话框中单击"确定"按钮，结果如图 4-25 所示。

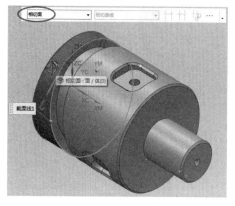

图 4-24　选择圆柱面

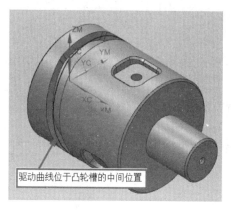

图 4-25　生成驱动曲线

4.1.9　创建圆柱凸轮粗加工工序

单击 按钮，系统弹出"创建工序"对话框，如图 4-26 所示设置参数。

单击"确定"按钮，系统弹出"可变轮廓铣-[VARIABLE_CONTOUR]"对话框，如图 4-27 所示设置余量和投影矢量。单击"指定部件"按钮 ⚅，系统弹出"部件几何体"对话框，选择部件几何体，单击"确定"按钮，完成部件几何体的指定。单击"指定切削区域"按钮 ⚇，系统弹出"切削区域"对话框，选择凸轮槽底面，单击"确定"按钮，完成切削区域指定。

图 4-26　"创建工序"对话框

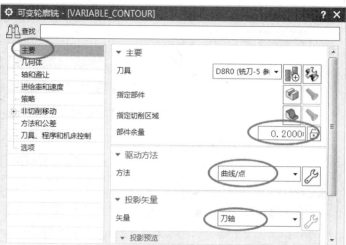

图 4-27　"可变轮廓铣-[VARIABLE_CONTOUR]"对话框

驱动方法选择"曲线 / 点",系统弹出"驱动方法"消息框,单击"确定"按钮,系统弹出"曲线 / 点驱动方法"对话框,如图 4-28 所示设置后选择一段曲线,系统自动选择相切曲线,单击"曲线 / 点驱动方法"对话框的"确定"按钮,完成驱动曲线的选择,系统返回"可变轮廓铣-[VARIABLE_CONTOUR]"对话框。

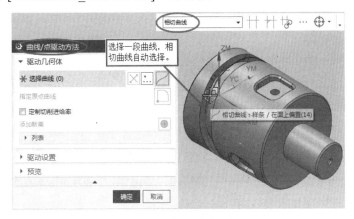

图 4-28　指定驱动曲线

如图 4-29 所示,选择"轴和避让"选项卡,"刀轴"的"轴"选择"远离直线",系统弹出图 4-30 所示"远离直线"对话框。

如图 4-31 所示指定矢量和点(圆心),单击"远离直线"对话框的"确定"按钮,完成刀轴指定,系统返回"可变轮廓铣-[VARIABLE_CONTOUR]"对话框。选择"进给率和速度"选项卡,如图 4-32 所示设置参数。

图 4-29　指定刀轴矢量

图 4-30　"远离直线"对话框

数控加工实例教程

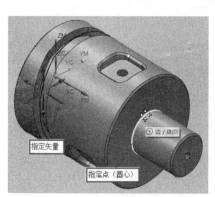

图 4-31　指定矢量和点

图 4-32　设置进给率和速度

　　选择"策略"选项卡，如图 4-33 所示设置深度参数。单击"可变轮廓铣-[VARIABLE_
CONTOUR]"对话框的"生成"按钮，系统生成刀具轨迹，如图 4-34 所示。

　　单击"确认"按钮，系统弹出"刀轨可视化"对话框，选择 3D 动态，单击"播放"按
钮，仿真结果如图 4-35 所示，三次单击"确定"按钮，完成凸轮槽加工工序的创建。

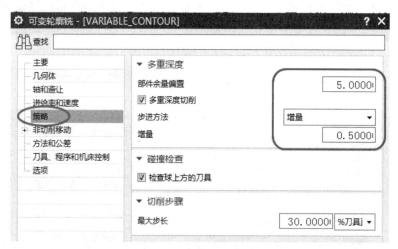

图 4-33　设置深度参数

图 4-34　生成刀具轨迹

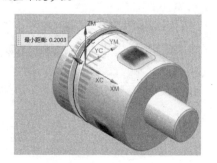

图 4-35　仿真结果

4.1.10　创建圆柱凸轮左侧面精加工工序

单击 按钮，系统弹出"创建工序"对话框，如图 4-36 所示设置参数，单击"确定"按钮系统弹出如图 4-37 所示"可变轮廓铣-[VARIABLE_CONTOUR_1]"对话框。

图 4-36　"创建工序"对话框

图 4-37　"可变轮廓铣-[VARIABLE_CONTOUR_1]"对话框

单击驱动方法编辑按钮，系统弹出"曲面区域驱动方法"对话框，如图 4-38 所示设置。

数控加工实例教程

单击"指定驱动几何体"按钮 ，系统弹出如图 4-39 所示"驱动几何体"对话框。如图 4-40 所示，依次选择凸轮槽左侧 8 个曲面，单击"确定"按钮完成驱动几何体的选择，返回如图 4-41 所示"曲面区域驱动方法"对话框（注意与图 4-38 有所不同）。

图 4-38　"曲面区域驱动方法"对话框 1

图 4-39　"驱动几何体"对话框

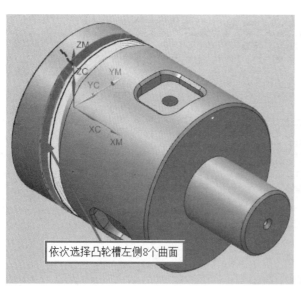

图 4-40　指定驱动几何体

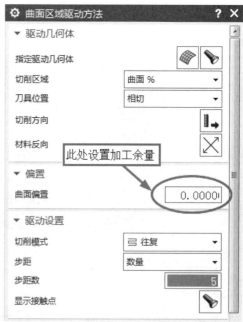

图 4-41　"曲面区域驱动方法"对话框 2

切削区域选择"曲面 %"，系统弹出"曲面百分比方法"对话框，如图 4-42 所示设置参数，单击"确定"按钮返回"曲面区域驱动方法"对话框。

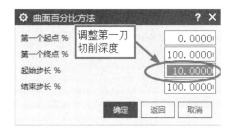

图 4-42 "曲面百分比方法"对话框

单击"切削方向"按钮⬛，如图 4-43 所示，选择切削方向，另一方向即为步距方向。单击"曲面区域驱动方法"对话框的"材料反向"按钮⬛，检查材料侧方向，如图 4-44 所示。单击"确定"按钮返回"可变轮廓铣-[VARIABLE_CONTOUR]"对话框。

图 4-43 选择切削方向

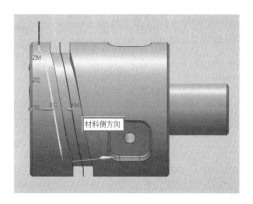

图 4-44 检查材料侧方向

如图 4-45 所示，指定"刀轴"的"轴"为"远离直线"，系统弹出"远离直线"对话框，依次指定矢量（X 轴）和点（圆心），单击"远离直线"对话框的"确定"按钮，完成刀轴指定，系统返回"可变轮廓铣-[VARIABLE_CONTOUR]"对话框。

图 4-45 指定刀轴矢量

选择"进给率和速度"选项卡，如图 4-46 所示设置参数。单击"可变轮廓铣-[VARIABLE_CONTOUR]"对话框的"生成"按钮⬛，系统生成刀具轨迹，如图 4-47 所示。

数控加工实例教程

单击"确认"按钮 ，系统弹出"刀轨可视化"对话框，选择 3D 动态，单击"播放"按钮 ▶，仿真结果如图 4-48 所示，三次单击"确定"按钮，完成圆柱凸轮左侧面精加工工序的创建。

图 4-46　设置进给率和速度

图 4-47　圆柱凸轮左侧面精加工刀具轨迹

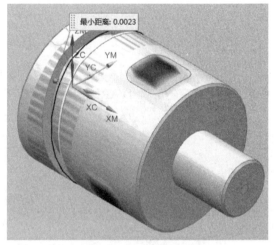

图 4-48　仿真结果

4.1.11　创建圆柱凸轮右侧面精加工工序

复制"VARIABLE_CONTOUR_1"工序，粘贴得到"VARIABLE_CONTOUR_1_COPY"工序，如图 4-49 所示，双击 VARIABLE_CONTOUR_1_COPY，系统弹出图 4-50 所示"可变轮廓铣 -[VARIABLE_CONTOUR_1_COPY]"对话框。

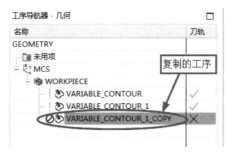

图 4-49　复制工序

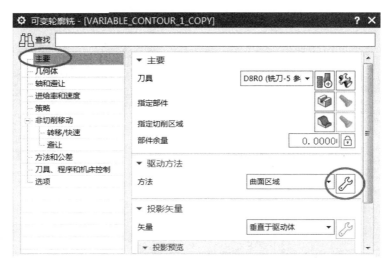

图 4-50　"可变轮廓铣-[VARIABLE_CONTOUR_1_COPY]"对话框

　　单击"驱动方法"编辑按钮 ⚙，系统弹出"曲面区域驱动方法"对话框，如图 4-51 所示，单击"选择或编辑驱动几何体"按钮 ◈，系统弹出"驱动几何体"对话框，如图 4-52 所示，多次单击"移除"按钮 ⊠，至完全删除原有驱动几何体为止。

图 4-51　"曲面区域驱动方法"对话框

图 4-52　"驱动几何体"对话框

重新依次选择凸轮槽右侧面作为驱动几何体，如图 4-53 所示，单击"驱动几何体"对话框的"确定"按钮，返回"曲面区域驱动方法"对话框。

单击"切削方向"按钮 ，如图 4-54 所示，选择切削方向，另一方向即为步距方向。

单击"曲面区域驱动方法"对话框的"材料反向"按钮 ，检查材料侧方向，如图 4-55 所示。

单击"确定"按钮，系统返回"可变轮廓铣铣 -[VARIABLE_CONTOUR_1_COPY]"对话框，单击"生成"按钮 ，结果如图 4-56 所示。

图 4-53　重选驱动几何体

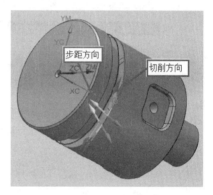

图 4-54　选择切削方向

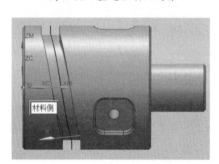

图 4-55　检查材料侧方向

图 4-56　圆柱凸轮右侧面精加工刀具轨迹

单击"确认"按钮 ，系统弹出"刀轨可视化"对话框，选择 3D 动态 ，单击"播放"按钮 ，仿真结果如图 4-57 所示，三次单击"确定"按钮，完成圆柱凸轮右侧面精加工工序的创建，至此凸轮槽各加工工序创建完毕，结果如图 4-58 所示。

图 4-57　仿真结果

图 4-58　凸轮槽各加工工序

4.1.12 创建方形槽铣削加工工序

单击 按钮，系统弹出"创建工序"对话框，如图 4-59 所示设置参数。单击"确定"按钮，系统弹出"型腔铣-[CAVITY_MILL]"对话框，如图 4-60 所示设置参数。

图 4-59 "创建工序"对话框　　　　图 4-60 "型腔铣-[CAVITY_MILL]"对话框

选择"几何体"选项卡，如图 4-61 所示，设置毛坯余量为 0.0000，单击"指定部件"按钮，系统弹出"部件几何体"对话框，选择部件几何体，单击"确定"按钮返回"型腔铣-[CAVITY_MILL]"对话框。

单击"指定切削区域"按钮，系统弹出"切削区域"对话框，如图 4-62 所示窗选方形槽各曲面，单击"确定"按钮返回"型腔铣-[CAVITY_MILL]"对话框。

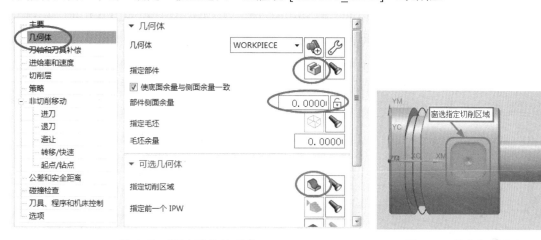

图 4-61 "几何体"选项卡　　　　　　图 4-62 指定切削区域

选择"进给率和速度"选项卡，如图 4-63 所示设置主轴速度和进给率。选择"非切削移动"下的"进刀"选项卡，如图 4-64 所示设置参数。

图 4-63　设置主轴速度和进给率

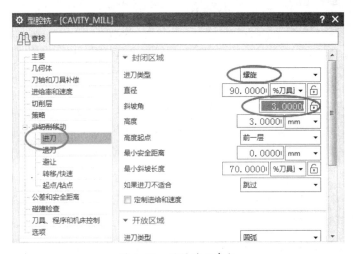

图 4-64　设置进刀参数

单击"型腔铣-[CAVITY_MILL]"对话框的"生成"按钮，生成刀具轨迹，结果如图 4-65 所示。

单击"确认"按钮，系统弹出"刀轨可视化"对话框，选择 3D 动态 ，单击"播放"按钮，仿真结果如图 4-66 所示，三次单击"确定"按钮，完成一个方形槽铣削加工工序的创建，结果如图 4-67 所示。

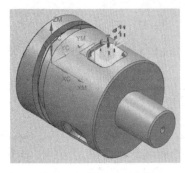

图 4-65　生成刀具轨迹　　　　图 4-66　仿真结果　　　　图 4-67　方形槽铣削加工工序

选择刚刚创建的型腔铣工序 ✛ CAVITY_MILL，右击，选择"对象"—"变换"命令，系统弹出"变换"对话框，按图 4-68 所示进行操作设置。单击"确定"按钮，即可创建其余方形槽铣削加工工序，如图 4-69 所示，其刀具路径如图 4-70 所示。接下来同样也可对刀具路径进行可视化仿真分析。

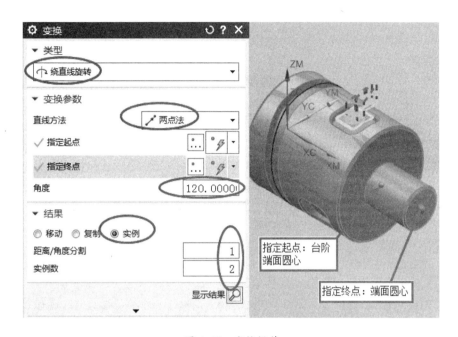

图 4-68 变换操作

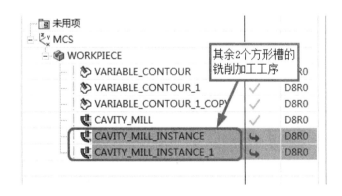

图 4-69 其余方形槽铣削加工工序

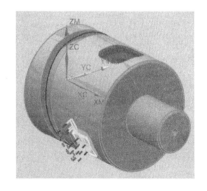

图 4-70 其余方形槽铣削加工刀具路径

4.1.13 创建 ϕ6mm 孔定心钻加工工序

单击 按钮，系统弹出"创建工序"对话框，如图 4-71 所示设置参数。单击"确定"按钮，系统弹出"定心钻 -[SPOT_DRILLING]"对话框，如图 4-72 所示设置参数。

图 4-71 "创建工序"对话框　　　　　图 4-72 "定心钻-[SPOT_DRILLING]"对话框

单击"指定特征几何体"按钮![](），系统弹出"特征几何体"对话框，选择图 4-73 所示
3 个 ϕ6mm 孔特征，单击"确定"按钮，返回"定心钻-[SPOT_DRILLING]"对话框。

选择"进给率和速度"选项卡，如图 4-74 所示设置参数。选择"非切削移动"下的"转
移/快速"选项卡，如图 4-75 所示，"安全设置选项"设为"圆柱"，"指定点"为部件
端面圆心，"指定矢量"为 XC 轴，"半径"为 35.0000。

单击"定心钻-[SPOT_DRILLING]"对话框的"生成"按钮![]，生成刀具轨迹，结果如
图 4-76 所示。

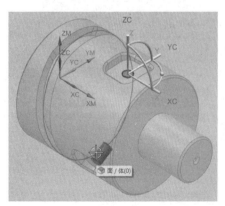

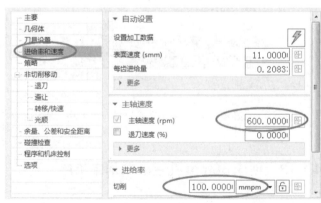

图 4-73 选择 ϕ6mm 的孔　　　　　图 4-74 设置进给率和速度

图 4-75 安全设置

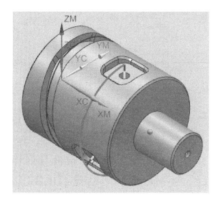

图 4-76 生成刀具轨迹

单击"确认"按钮 ，系统弹出"刀轨可视化"对话框，选择 3D 动态 ，单击"播放"按钮 ▶ ，仿真结果如图 4-77 所示，两次单击"确定"按钮，完成定心钻加工工序的创建，结果如图 4-78 所示。

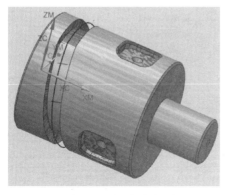

图 4-77 仿真结果

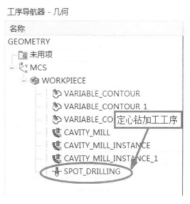

图 4-78 定心钻加工工序

4.1.14 创建 φ6mm 孔钻加工工序

单击 按钮，系统弹出"创建工序"对话框，如图 4-79 所示设置参数。单击"确定"按钮，系统弹出"钻孔-[DRILLING]"对话框，如图 4-80 所示设置参数。

图 4-79 "创建工序"对话框   图 4-80 "钻孔-[DRILLING]"对话框

单击"指定特征几何体"按钮，系统弹出"特征几何体"对话框，选择图 4-81 所示 3 个 φ6mm 孔特征，单击"确定"按钮，返回"钻孔-[DRILLING]"对话框。

选择"进给率和速度"选项卡，如图 4-82 所示设置参数。选择"非切削移动"下的"转移/快速"选项卡，如图 4-83 所示，"安全设置选项"设为"圆柱"，"指定点"为部件端面圆心，"指定矢量"设为 XC 轴，"半径"为 35.0000。

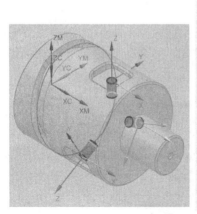

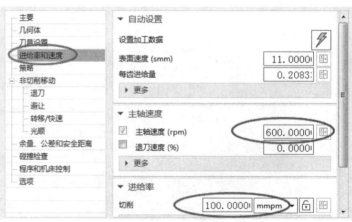

图 4-81 选择 φ6mm 的孔   图 4-82 设置进给率和速度

图 4-83 安全设置

单击"钻孔 -[DRILLING]"对话框的"生成"按钮 ⏣，生成刀具轨迹，结果如图 4-84
所示。

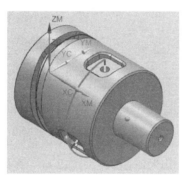

图 4-84 生成刀具轨迹

单击"确认"按钮 🔧，系统弹出"刀轨可视化"对话框，选择 3D 动态，单击"播放"
按钮 ▶，仿真结果如图 4-85 所示，两次单击"确定"按钮，完成钻加工工序的创建，结果
如图 4-86 所示。

图 4-85 仿真结果

图 4-86 钻加工工序

4.1.15 创建倒角加工工序

单击按钮，系统弹出"创建工序"对话框，选择区域轮廓铣工序子类型，如图 4-87 所示设置参数，单击"确定"按钮，系统弹出"Area Mill-[AREA_MILL]"对话框，如图 4-88 所示。

图 4-87 "创建工序"对话框　　　　　图 4-88 "Area Mill-[AREA_MILL]"对话框

选择"几何体"选项卡，单击"指定部件"按钮，系统弹出"部件几何体"对话框，选择部件几何体，单击"确定"按钮，系统返回"Area Mill-[AREA_MILL]"对话框。

单击"指定切削区域"按钮，系统弹出"切削区域"对话框，选择图 4-89 所示的倒角面，单击"确定"按钮，系统返回"Area Mill-[AREA_MILL]"对话框。

选择"进给率和速度"选项卡，如图 4-90 所示设置主轴速度和进给率。

图 4-89 指定切削区域　　　　　　图 4-90 设置主轴速度和进给率

单击 "Area Mill-[AREA_MILL]" 对话框的 "生成" 按钮 ![icon]，系统生成刀具轨迹，结果如图 4-91 所示。

单击 "确认" 按钮 ![icon]，系统弹出 "刀轨可视化" 对话框，选择 3D 动态，单击 "播放" 按钮 ![icon]，仿真结果如图 4-92 所示，三次单击 "确定" 按钮，完成一个倒角加工工序的创建，结果如图 4-93 所示。

选择刚刚创建的倒角加工工序 ![icon] AREA_MILL，右击，选择 "对象" — "变换" 命令，系统弹出 "变换" 对话框，按图 4-68 所示操作设置参数。单击 "确定" 按钮，即可创建其余方形槽倒角加工工序，结果如图 4-94 所示。

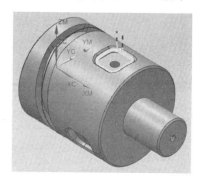

图 4-91　生成刀具轨迹

图 4-92　仿真结果

图 4-93　倒角加工工序

图 4-94　其余方形槽倒角加工工序

4.1.16　创建文字雕刻加工工序

单击 ![icon] 按钮，系统弹出 "创建工序" 对话框，如图 4-95 所示设置参数。单击 "确定" 按钮，系统弹出 "轮廓文本 -[CONTOUR_TEXT_1]" 对话框，如图 4-96 所示，"文本深度" 为 0.1000。

单击 "指定制图文本" 按钮 ![A]，系统弹出 "文本几何体" 对话框，选择图 4-97 所示文本，单击 "确定" 按钮，系统返回 "轮廓文本 -[CONTOUR_TEXT_1]" 对话框。

数控加工实例教程

选择"几何体"选项卡，如图 4-98 所示，设置部件余量为 0.0000，单击"指定部件"按钮，系统弹出"部件几何体"对话框，选择部件几何体，单击"确定"按钮，返回"轮廓文本 -[CONTOUR_TEXT_1]"对话框。

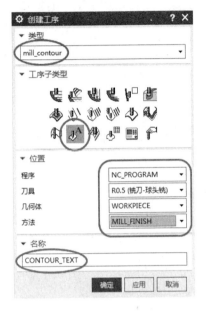

图 4-95 "创建工序"对话框

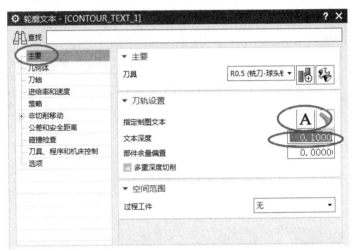

图 4-96 "轮廓文本 -[CONTOUR_TEXT_1]"对话框

图 4-97 选择文本

图 4-98 "几何体"选项卡

单击"指定切削区域"按钮，系统弹出"切削区域"对话框，按图 4-99 所示选择曲面，单击"确定"按钮返回"轮廓文本-[CONTOUR_TEXT_1]"对话框。

选择"刀轴"选项卡，如图 4-100 所示设置参数，选择曲面上一点的法线方向作为刀轴的矢量方向，如图 4-101 所示，若矢量方向不对，请单击"备选解"按钮。

选择"进给率和速度"选项卡，按图 4-102 所示设置主轴速度和进给率。

单击"轮廓文本 -[CONTOUR_TEXT_1]"对话框的"生成"按钮，生成刀具轨迹，结果如图 4-103 所示。

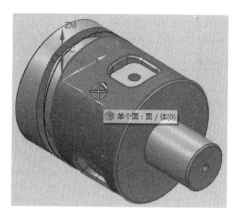

图 4-99 指定切削区域

图 4-100 "刀轴"选项卡

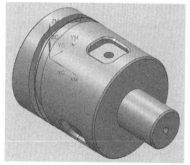

图 4-101 设置刀轴矢量

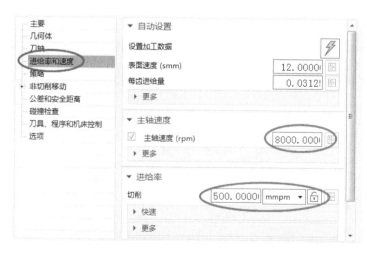

图 4-102 设置主轴速度和进给率

图 4-103 生成刀具轨迹

单击"确认"按钮，系统弹出"刀轨可视化"对话框，选择 3D 动态 ，单击"播放"按钮，仿真结果如图 4-104 所示，三次单击"确定"按钮，完成文字雕刻工序的创建，结果如图 4-105 所示。

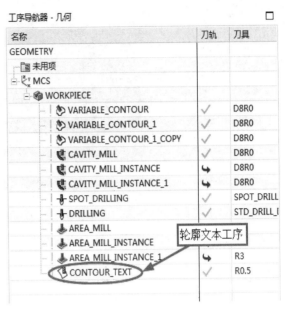

图 4-104　仿真结果

图 4-105　文字雕刻工序

4.1.17　调整各工序顺序

在工序导航器-程序顺序视图中，按先粗后精原则调整各工序顺序，结果如图 4-106 所示。

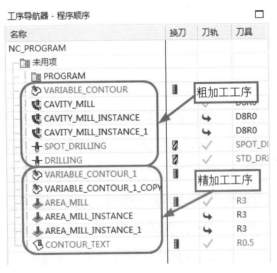

图 4-106　调整各工序顺序

4.1.18　后处理

在工序导航器-程序视图中选择 NC_PROGRAM，单击后处理按钮 后处理，系统弹出"后处理"对话框，如图 4-107 所示选择定制的专用后处理，后处理结果如图 4-108 所示。

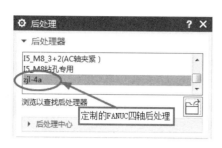

图 4-107 "后处理"对话框

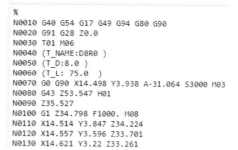

图 4-108 后处理结果

4.1.19 练习与思考

1. 本实例方形槽粗加工留 0.2mm 余量，增加精加工工序。
2. 请尝试用曲线 / 点驱动方法精加工凸轮槽侧面。

4.2 实例 2：双螺旋轴四轴加工

本实例是一个双螺旋轴零件，毛坯为棒料，首先在车床上完成端面、外圆、倒角及中心孔的加工，然后用四轴加工中心进行铣削加工。

双螺旋轴四轴加工工序（步）简略如下：

1）环形槽铣削加工。

2）螺旋槽粗加工。

3）螺旋槽精加工。

4.2.1 打开源文件

打开源文件：双螺旋轴 .prt，结果如图 4-109 所示。

图 4-109 双螺旋轴文件

4.2.2 部件分析

利用"分析"—"测量"命令可以测量双螺旋轴各部分尺寸：大圆柱为 ϕ48mm×60mm，圆盘为 ϕ48mm×10mm，两端小圆柱为 ϕ25mm×15mm，倒角为 C1mm，环形槽宽为 10mm，环形槽深为 6.5mm。

4.2.3 绘制毛坯

选择"应用模块"—"建模",进入建模模块。

显示 WCS(工作坐标系),并将 WCS 原点指定为部件右端面的中心,如图 4-110 所示。

图 4-110 指定 WCS 原点位置

选择"菜单"—"插入"—"设计特征"—"圆柱"命令,系统弹出"圆柱"对话框,按图 4-111 所示进行操作设置,单击"确定"按钮,完成中间大圆柱 ϕ48mm×60mm 的绘制,隐藏部件仅显示毛坯,结果如图 4-112 所示。

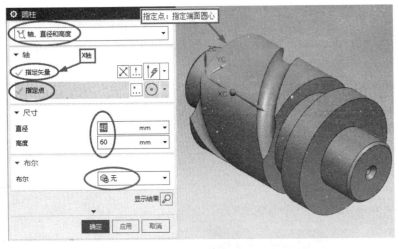

图 4-111 "圆柱"对话框   图 4-112 绘制中间大圆柱

用同样的方法可以创建两端小圆柱为 ϕ25mm×15mm(布尔:合并),边倒角 C1mm,并创建中心孔后结果如图 4-113 所示。

图 4-113 绘制毛坯

说明：也可以简单绘制大圆柱 ϕ48mm×60mm 作为毛坯。

4.2.4 加工环境配置

选择"应用模块"—"加工"，进入加工模块，系统弹出"加工环境"对话框，如图 4-114
所示设置参数，单击"确定"按钮，完成加工环境配置。

图 4-114 加工环境配置

4.2.5 设置加工坐标系

在图 4-115 所示工序导航器 - 几何视图中，双击 $+$ MCS，系统弹出"MCS"对话框，
如图 4-116 所示，单击"坐标系对话框"按钮。

图 4-115 工序导航器 - 几何视图   图 4-116 "MCS"对话框

系统弹出"坐标系"对话框，如图 4-117 所示，单击"点对话框"按钮，系统弹出"点"对话框，如图 4-118 所示选择大圆柱左端面圆心，三次单击"确定"按钮，完成加工坐标系原点的指定。

图 4-117　"坐标系"对话框　　　　　图 4-118　选择大圆柱左端面圆心

4.2.6　指定毛坯几何体

在工序导航器 - 几何视图中，双击  WORKPIECE，系统弹出"工件"对话框，单击"指定毛坯"按钮，选择毛坯，两次单击"确定"按钮，完成毛坯几何体的指定，按 <Ctrl+Shift+B> 键隐藏毛坯显示部件。

4.2.7　创建刀具

在工序导航器中显示机床视图，单击 按钮，系统弹出"创建刀具"对话框，如图 4-119 所示设置参数，单击"确定"按钮，系统弹出"铣刀-5 参数"对话框，如图 4-120 所示设置刀具参数，单击"确定"按钮，完成平底刀 D8R0 的创建。

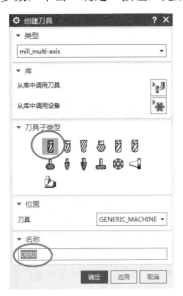

图 4-119　"创建刀具"对话框 1　　　　　图 4-120　"铣刀 -5 参数"对话框

单击 按钮，系统弹出"创建刀具"对话框，如图 4-121 所示设置参数，单击"确定"按钮，系统弹出"铣刀 - 球头铣"对话框，如图 4-122 所示设置刀具参数，单击"确定"按钮，完成 R3mm 球刀的创建。

图 4-121　"创建刀具"对话框 2

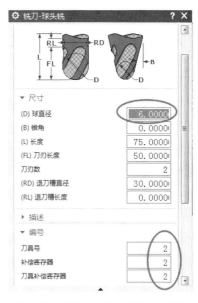

图 4-122　"铣刀 - 球头铣"对话框

4.2.8　创建环形槽粗加工工序

环形槽粗加工采用曲线驱动方法，首先需要绘制驱动曲线。

单击"在面上偏置曲线"按钮 在面上偏置，系统弹出"在面上偏置曲线"对话框，如图 4-123 所示，选择环形槽的一条边界曲线。在"在面上偏置曲线"对话框单击 ＊ 选择面或平面 (0)，面规则选择 单个面 ▼，选择图 4-123 所示圆柱面。

若曲线偏置方向不对，单击"反向"按钮 ✕，在"在面上偏置曲线"对话框中单击"确定"按钮，结果如图 4-124 所示。

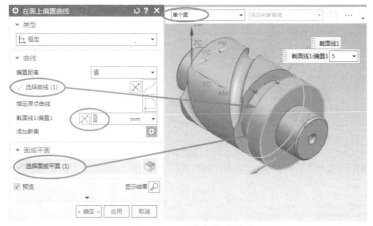

图 4-123　创建偏置曲线

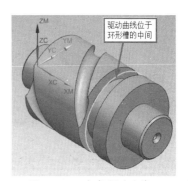

图 4-124　生成驱动曲线

单击 按钮，系统弹出"创建工序"对话框，如图 4-125 所示设置参数。

单击"确定"按钮，系统弹出"可变轮廓铣-[VARIABLE_CONTOUR]"对话框，如图 4-126 所示设置部件余量和投影矢量。

图 4-125 "创建工序"对话框

图 4-126 "可变轮廓铣-[VARIABLE_CONTOUR]"对话框

单击"指定部件"按钮 ，系统弹出"部件几何体"对话框，选择部件几何体，单击"确定"按钮，完成部件几何体的指定。单击"指定切削区域"按钮 ，系统弹出"切削区域"对话框，选择环形槽底面，单击"确定"按钮，完成切削区域指定。

"驱动方法"选择"曲线/点"，系统弹出"驱动方法"消息框，单击"确定"按钮，系统弹出"曲线/点驱动方法"对话框，如图 4-127 所示选择驱动曲线，单击"曲线/点驱动方法"对话框的"确定"按钮，完成驱动曲线的选择，系统返回"可变轮廓铣-[VARIABLE_CONTOUR]"对话框。

图 4-127　指定驱动曲线

如图 4-128 所示，选择"轴和避让"选项卡，"刀轴"的"轴"设为"远离直线"，系统弹出图 4-129 所示"远离直线"对话框。

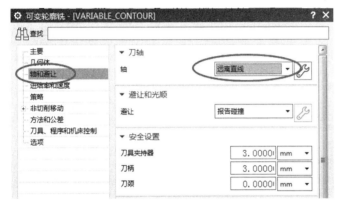

图 4-128　指定刀轴矢量

图 4-129　"远离直线"对话框

如图 4-130 所示指定矢量和点（圆心），单击"远离直线"对话框的"确定"按钮，完成刀轴指定，系统返回"可变轮廓铣-[VARIABLE_CONTOUR]"对话框。选择"进给率和速度"选项卡，如图 4-131 所示设置参数。

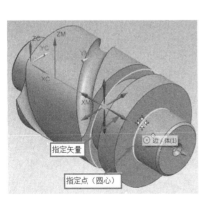

图 4-130　指定矢量和点

图 4-131　设置进给率和速度

选择"策略"选项卡，如图 4-132 所示设置深度参数。单击"可变轮廓铣-[VARIABLE_

CONTOUR]"对话框的"生成"按钮 [图标]，系统生成刀具轨迹，如图 4-133 所示。

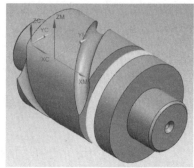

图 4-132　设置深度参数　　　　　　　　图 4-133　生成刀具轨迹

单击"确认"按钮 [图标]，系统弹出"刀轨可视化"对话框，选择 3D 动态，单击"播放"按钮 ▶，仿真结果如图 4-134 所示，三次单击"确定"按钮，完成环形槽粗加工工序的创建，如图 4-135 所示。

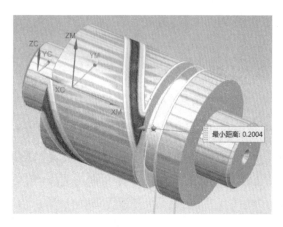

图 4-134　仿真结果　　　　　　　　　图 4-135　环形槽粗加工工序

4.2.9　创建环形槽左侧面精加工工序

选择刚刚创建的环形槽粗加工工序 [图标] VARIABLE_CONTOUR，右击，选择"对象"—"变换"命令，系统弹出"变换"对话框，如图 4-136 所示设置参数。单击"确定"按钮，即可复制环形槽粗加工工序，如图 4-137 所示。

双击复制的工序 VARIABLE_CONTOUR_COPY，系统弹出"可变轮廓铣-[VARIABLE_CONTOUR_COPY]"对话框，如图 4-138 所示设置部件余量为 0.0000，如图 4-139 所示设置"多重深度切削"的增量为 2.0000。单击"可变轮廓铣-[VARIABLE_CONTOUR_COPY]"对话框的"生成"按钮 [图标]，系统生成刀具轨迹，如图 4-140 所示。

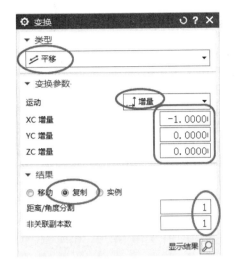

图 4-136 "变换"对话框

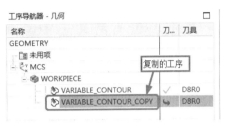

图 4-137 复制工序

图 4-138 设置部件余量

图 4-139 设置多重深度切削

图 4-140 生成刀具轨迹

单击"确认"按钮![按钮]，系统弹出"刀轨可视化"对话框，选择 3D 动态，单击"播放"按钮![按钮]，仿真结果如图 4-141 所示，三次单击"确定"按钮，完成环形槽左侧面精加工工序的创建，如图 4-142 所示。

数控加工实例教程

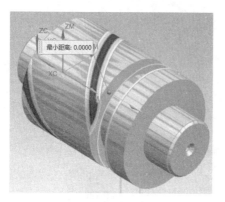

图 4-141 仿真结果

图 4-142 环形槽左侧面精加工工序

4.2.10 创建环形槽右侧面精加工工序

选择刚刚创建的环形槽左侧面精加工工序 ⏍ VARIABLE_CONTOUR_COPY ，右击，选择"对象"—"变换"命令，系统弹出"变换"对话框，如图 4-143 所示设置参数。单击"确定"按钮，即可得到环形槽右侧面精加工工序，结果如图 4-144 所示。

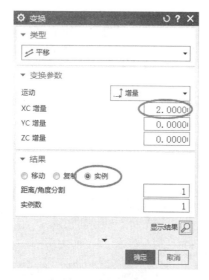

图 4-143 "变换"对话框

图 4-144 环形槽右侧面精加工工序

同样，可对该工序进行"刀轨可视化"仿真分析，结果如图 4-145 所示。

图 4-145 仿真结果

4.2.11 创建螺旋槽粗加工工序

螺旋槽粗加工采用曲面驱动方法，首先需要绘制两条曲线，然后再创建驱动曲面。

"应用模块"—"建模"，启动"建模"应用模块。选择"菜单"—"插入"—"派生曲线"—"复合曲线"，系统弹出"复合曲线"对话框，如图 4-146 所示设置参数。

图 4-146 "复合曲线"对话框

如图 4-147 所示，选择螺旋槽的一条边界曲线。单击"确定"按钮完成复合曲线的创建。如图 4-148 所示画草图，并测量出螺旋槽对应圆弧长度 17.0712mm，经计算得出圆弧对应圆心角 =17.0712×360°／（2×24π）=40.7545°，半圆心角 =40.7545°/2=20.377°。

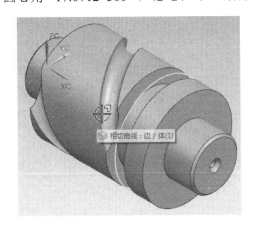

图 4-147 创建复合曲线

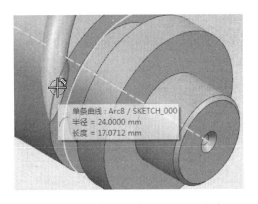

图 4-148 计算螺旋槽对应的圆弧长度

选择"菜单"—"编辑"—"移动对象"，系统弹出"移动对象"对话框，按图 4-149 所示进行操作设置，结果如图 4-150 所示，单击"确定"按钮，完成复合曲线的移动。

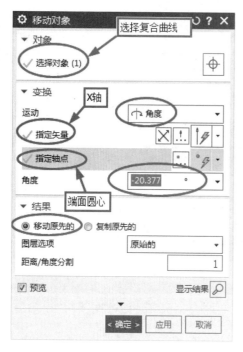

图 4-149 "移动对象"对话框

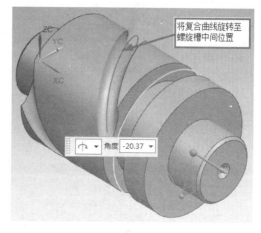

图 4-150 旋转复合曲线

选择"菜单"—"插入"—"扫掠"—"扫掠",系统弹出"扫掠"对话框,按图 4-151 所示进行操作设置,单击"确定"按钮,完成扫掠曲面的创建。

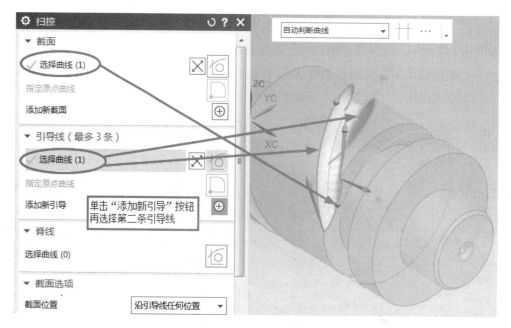

图 4-151 创建扫掠曲面

选择"菜单"—"插入"—"派生曲线"—"等参数曲线",系统弹出"等参数曲线"对话框,如图 4-152 所示设置参数,选择扫掠曲面,单击"确定"按钮,完成等参数曲线的创建。

图 4-152   "等参数曲线"对话框

选择"菜单"—"插入"—"网格曲面"—"通过曲线组",系统弹出"通过曲线组"对话框,如图 4-153 所示,先选择复合曲线,单击"添加新截面"按钮⊕,再选择等参数曲线,单击"确定"按钮,完成驱动曲面的创建。

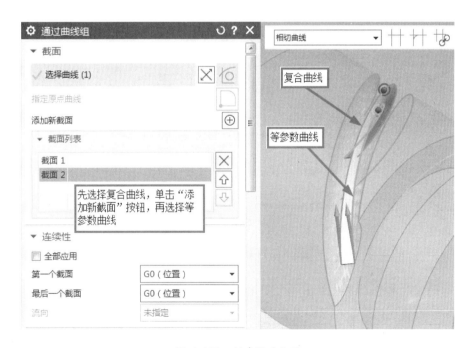

图 4-153   创建驱动曲面

选择"菜单"—"插入"—"修剪"—"延伸片体",系统弹出"延伸片体"对话框,按图 4-154 所示进行操作设置,选择曲面的两端边界,单击"确定"按钮,完成驱动曲面的延伸,结果如图 4-155 所示。

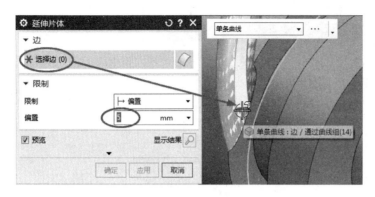
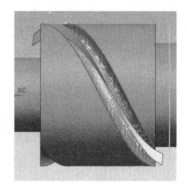

图 4-154　延伸曲面　　　　　　　　　图 4-155　曲面延伸结果

启动"加工"应用模块，单击 按钮，系统弹出"创建工序"对话框，如图 4-156 所示设置参数。

图 4-156　"创建工序"对话框

单击"确定"按钮，系统弹出"可变轮廓铣-[VARIABLE_CONTOUR_1]"对话框，如图 4-157 所示设置部件余量和投影矢量。

单击驱动方法编辑按钮 🔧，系统弹出"曲面区域驱动方法"对话框，如图 4-158 所示设置参数。

单击"指定驱动几何体"按钮 ◈，系统弹出图 4-159 所示"驱动几何体"对话框。选择图 4-155 所示延伸后的曲面，单击"确定"按钮完成驱动几何体的选择，返回"曲面区域驱动方法"对话框。

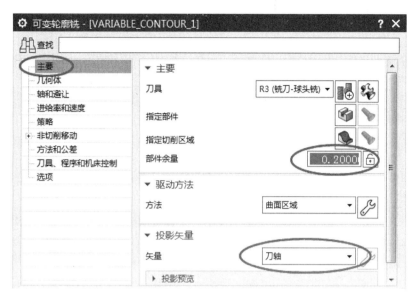

图 4-157 "可变轮廓铣-[VARIABLE_CONTOUR_1]"对话框

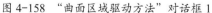

图 4-158 "曲面区域驱动方法"对话框 1　　　图 4-159 "驱动几何体"对话框

　　如图 4-160 所示，"切削区域"选择"曲面 %"，系统弹出"曲面百分比方法"对话框，如图 4-161 所示设置参数，单击"确定"按钮，返回"曲面区域驱动方法"对话框。

　　单击"切削方向"按钮 █➡，如图 4-162 所示，选择切削方向，另一方向即为步距方向。单击"确定"按钮，返回"可变轮廓铣-[VARIABLE_CONTOUR_1]"对话框。

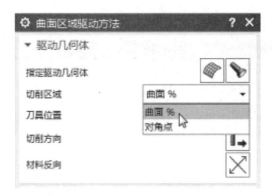

图 4-160　"曲面区域驱动方法"对话框 2

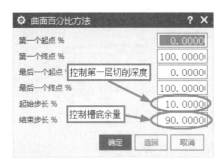

图 4-161　"曲面百分比方法"对话框

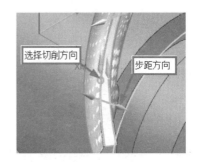

图 4-162　选择切削方向

如图 4-163 所示，指定"刀轴"的"轴"为"远离直线"，系统弹出"远离直线"对话框，如图 4-164 所示，依次指定矢量（X 轴）和点（圆心），单击"远离直线"对话框的"确定"按钮，完成刀轴指定，返回"可变轮廓铣 -[VARIABLE_CONTOUR_1]"对话框。指定避让为"侧倾 / 退刀"，系统弹出"输入控制"对话框，单击"确定"按钮，返回"可变轮廓铣 -[VARIABLE_CONTOUR_1]"对话框。

图 4-163　指定刀轴矢量

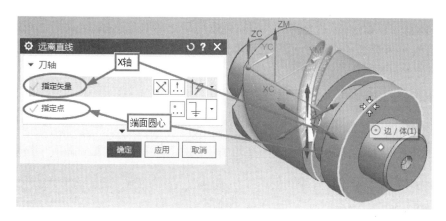

图 4-164　定义直线

选择"进给率和速度"选项卡，如图 4-165 所示设置参数。单击"可变轮廓铣-[VARIABLE_CONTOUR_1]"对话框的"生成"按钮，系统生成刀具轨迹，如图 4-166 所示。

图 4-165　设置进给率和速度

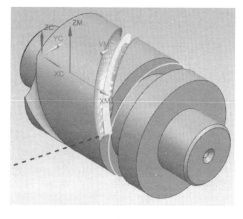

图 4-166　螺旋槽粗加工刀具轨迹

单击"确认"按钮 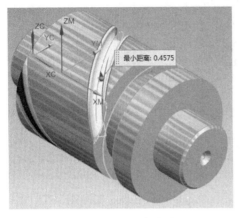，系统弹出"刀轨可视化"对话框，选择 3D 动态 ，单击"播放"按钮 ▶，仿真结果如图 4-167 所示，三次单击"确定"按钮，完成一条螺旋槽粗加工工序的创建，如图 4-168 所示。

图 4-167 仿真结果

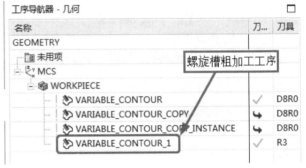

图 4-168 螺旋槽粗加工工序

选择刚刚创建的螺旋槽粗加工工序 ❧ VARIABLE_CONTOUR_1 ，右击，选择"对象"—"变换"命令，系统弹出"变换"对话框，按图 4-169 所示进行操作设置。单击"确定"按钮，即可创建另一条螺旋槽的粗加工工序，如图 4-170 所示，其刀具路径如图 4-171 所示，接下来同样也可对刀具路径进行可视化仿真分析。

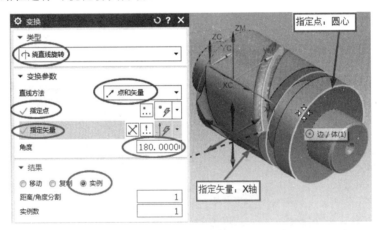

图 4-169 变换操作

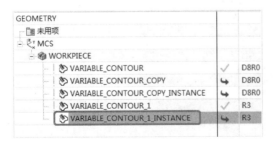

图 4-170 另一条螺旋槽的粗加工工序

图 4-171 另一条螺旋槽粗加工刀具路径

4.2.12　创建螺旋槽精加工工序

复制前面创建的螺旋槽粗加工工序 VARIABLE_CONTOUR_1，结果如图4-172所示。

双击复制的工序 VARIABLE_CONTOUR_1_COPY，系统弹出"可变轮廓铣-[VARIABLE_CONTOUR_1_COPY]"对话框，如图 4-173 所示设置参数。单击驱动方法编辑按钮，系统弹出"曲面区域驱动方法"对话框，如图 4-174 所示。

图 4-172　复制工序

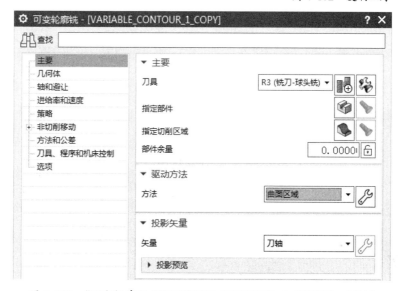

图 4-173　"可变轮廓铣-[VARIABLE_CONTOUR_1_COPY]"对话框

图 4-174　"曲面区域驱动方法"对话框 1

数控加工实例教程

单击"选择或编辑驱动几何体"按钮 ，系统弹出"驱动几何体"对话框，如图 4-175 所示，单击"移除"按钮 ☒，删除原来驱动曲面，选择扫掠曲面，单击"驱动"按钮，完成驱动几何体的重新选择，返回"曲面区域驱动方法"对话框。

如图 4-176 所示，"刀具位置"设为"相切"，"切削区域"选择"曲面%"，系统弹出"曲面百分比方法"对话框，如图 4-177 所示设置参数，单击"确定"按钮，返回"曲面区域驱动方法"对话框。

单击"切削方向"按钮 ⬛➔，如图 4-178 所示，选择切削方向，另一方向即为步距方向。

图 4-175 "驱动几何体"对话框

图 4-176 "曲面区域驱动方法"对话框 2

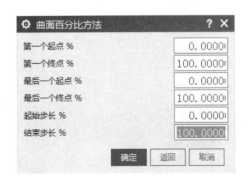

图 4-177 "曲面百分比方法"对话框

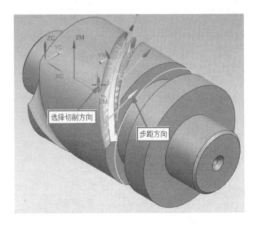

图 4-178 选择切削方向

单击"材料反向"按钮 ⊠，材料方向如图 4-179 所示。其余参数如图 4-176 所示设置，单击"确定"按钮，返回"可变轮廓铣-[VARIABLE_CONTOUR_1_COPY]"对话框。

单击"可变轮廓铣-[VARIABLE_CONTOUR_1_COPY]"对话框的"生成"按钮 ⛭ ，系统生成刀具轨迹，如图 4-180 所示。

图 4-179　调整材料侧方向

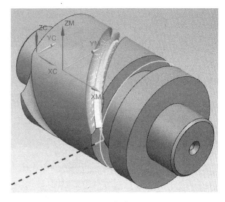
图 4-180　螺旋槽精加工刀具轨迹

单击"确认"按钮 ⛏，系统弹出"刀轨可视化"对话框，选择 3D 动态 ，单击"播放"按钮 ▶，仿真结果如图 4-181 所示，三次单击"确定"按钮，完成一条螺旋槽精加工工序的创建，如图 4-182 所示。

图 4-181　仿真结果

图 4-182　螺旋槽精加工工序

选择刚刚创建的螺旋槽精加工工序 VARIABLE_CONTOUR_1_COPY，右击，选择"对象"—"变换"命令，系统弹出"变换"对话框，按图 4-183 所示进行操作设置。单击"确定"按钮，即可创建另一条螺旋槽的精加工工序，如图 4-184 所示，其刀具路径如图 4-185 所示，接下来同样也可对刀具路径进行可视化仿真分析。

图 4-183　变换操作

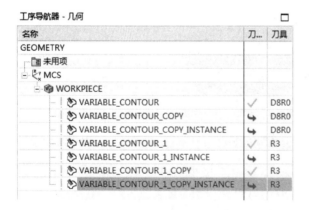

图 4-184　另一条螺旋槽的精加工工序

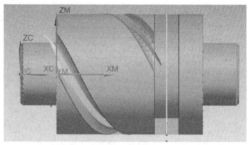

图 4-185　另一条螺旋槽精加工刀具路径

4.2.13　后处理

在工序导航器-程序视图中选择 NC_PROGRAM，单击后处理按钮 后处理，系统弹出"后处理"对话框，按图 4-186 所示选择定制的专用后处理，后处理结果如图 4-187 所示。

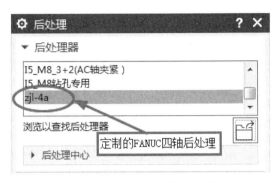

图 4-186 "后处理"对话框

```
%
N0010 G40 G54 G17 G49 G94 G80 G90
N0020 G91 G28 Z0.0
N0030 T01 M06
N0040 (T_NAME:D8R0 )
N0050 (T_D:8.0 )
N0060 (T_L: 75.0  )
N0070 G0 G90 X45. Y-3.988 A-180. S3000 M03
N0080 G43 Z26.414 H01
N0090 G1 Y-3.895 Z25.836 F500. M08
N0100 Y-3.642 Z25.307
N0110 Y-3.264 Z24.858
N0120 Y-2.8 Z24.499
N0130 Y-2.282 Z24.222
N0140 Y-1.732 Z24.015
N0150 Y-1.163 Z23.865
N0160 Y-.584 Z23.763
N0170 Y0.0 Z23.7
N0180 A-171. F1000.
```

图 4-187 后处理结果

4.2.14 练习与思考

1. 请尝试用曲线 / 点驱动方法加工螺旋槽。

2. 请完成下载练习文件中 exe4_1.prt 部件的四轴加工。

3. 请完成下载练习文件中 exe4_2.prt 部件的四轴加工。

第 5 章

五轴加工

5.1 实例 1：叶轮加工

该叶轮是 2020 年粤港澳大湾区高端精密制造（五轴数控联动加工技术）技能竞赛题，毛坯是直径 50mm 的铝合金棒料，要求使用五轴加工中心完成零件的加工。

叶轮加工工序（步）如下：

1) 叶轮粗加工。

2) 轮毂精加工。

3) 叶缘精加工。

4) 叶面精加工。

5) 底座精加工。

6) 顶部精加工。

5.1.1 打开源文件

打开源文件：叶轮 .prt，结果如图 5-1 所示。

5.1.2 部件分析

利用"分析"—"测量"命令可以测量叶轮整体尺寸 ϕ50mm×60mm，叶片之间最小距离为 6.74mm，圆角为 R2mm。

5.1.3 绘制毛坯

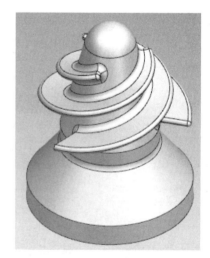

图 5-1　叶轮

选择"菜单"—"插入"—"设计特征"—"圆柱"命令，系统弹出"圆柱"对话框，按图 5-2 所示进行操作设置，单击"确定"按钮完成毛坯的绘制，半透明显示后结果如图 5-3 所示。

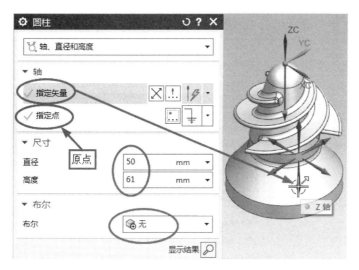

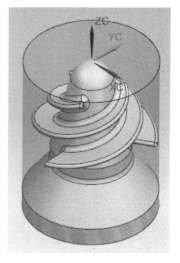

图 5-2　画圆柱

图 5-3　毛坯结果

5.1.4　加工环境配置

选择"应用模块"—"加工",进入加工模块,系统弹出"加工环境"对话框,如图 5-4 所示设置参数,单击"确定"按钮,完成加工环境配置。

图 5-4　加工环境配置

5.1.5　设置加工坐标系

如图 5-5 所示,在工序导航器 - 几何视图中,双击 ⁺🔧MCS,系统弹出"MCS"对话框,

数控加工实例教程

如图 5-6 所示，单击"坐标系对话框"按钮。系统弹出"坐标系"对话框，如图 5-7 所示设置参数，两次单击"确定"按钮完成加工坐标系的指定，加工坐标系原点位于毛坯上表面中心且与工作坐标系重合，结果如图 5-8 所示。

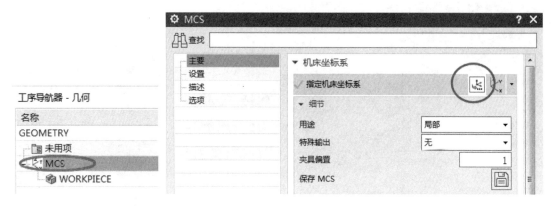

图 5-5　工序导航器 - 几何视图　　　　　图 5-6　"MCS"对话框

图 5-7　"坐标系"对话框

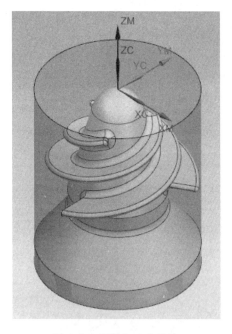

图 5-8　指定加工坐标系

5.1.6　指定部件、毛坯几何体

为便于选择，先隐藏部件仅显示毛坯。在工序导航器 - 几何视图中，双击 WORKPIECE，系统弹出"工件"对话框，单击"指定毛坯"按钮，选择毛坯，单击"确定"按钮，然后按 <Ctrl+Shift+B> 键显示部件，单击"指定部件"按钮，选择部件，两次单击"确定"按钮，完成毛坯、部件几何体的指定，结果如图 5-9 所示。

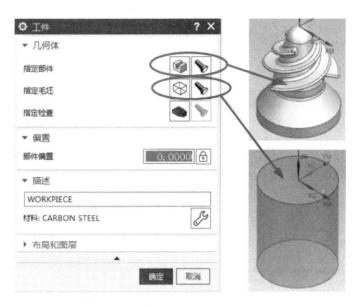

图 5-9 指定部件、毛坯几何体

5.1.7 创建刀具

在工序导航器中显示机床视图，单击 按钮，系统弹出"创建刀具"对话框，如图 5-10 所示设置参数，单击"确定"按钮，系统弹出"铣刀-5 参数"对话框，如图 5-11 所示设置刀具参数，单击"确定"按钮，完成平底刀 D8R0 的创建。

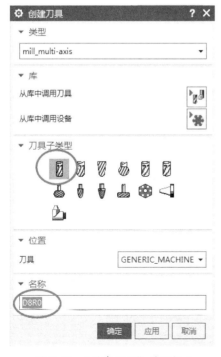

图 5-10 "创建刀具"对话框 1

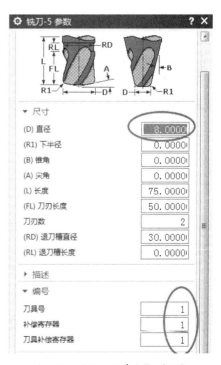

图 5-11 "铣刀-5 参数"对话框

单击 ▥ 按钮，系统弹出"创建刀具"对话框，如图 5-12 所示设置参数，单击"确定"按钮，系统弹出"铣刀- 球头铣"对话框，如图 5-13 所示设置刀具参数，单击"确定"按钮，完成 R2 球刀的创建。

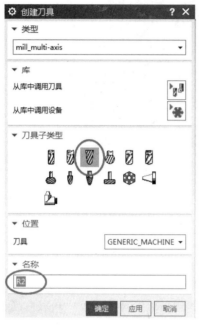

图 5-12 "创建刀具"对话框 2

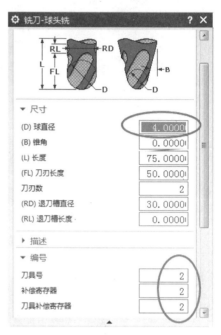

图 5-13 "铣刀- 球头铣"对话框

5.1.8 创建型腔铣粗加工工序

单击 ▥ 按钮，系统弹出"创建工序"对话框，选择型腔铣工序子类型，如图 5-14 所示设置参数，单击"确定"按钮，系统弹出"型腔铣 -[CAVITY_MILL]"对话框，如图 5-15 所示。

图 5-14 "创建工序"对话框

图 5-15 "型腔铣 -[CAVITY_MILL]"对话框

选择"几何体"选项卡,如图 5-16 所示设置余量。选择"刀轴和刀具补偿"选项卡,如图 5-17 所示设置刀轴。

图 5-16　设置余量

图 5-17　设置刀轴

选择"进给率和速度"选项卡,如图 5-18 所示设置主轴速度和进给率。

图 5-18　设置主轴速度和进给率

选择"切削层"选项卡，如图 5-19 所示设置参数。选择"非切削移动"的"进刀"选项卡，如图 5-20 所示设置参数。

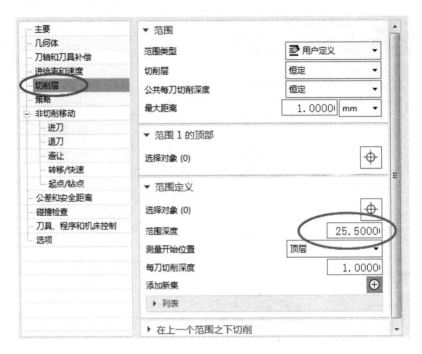

图 5-19　设置切削范围深度

图 5-20　设置进刀参数

单击"型腔铣-[CAVITY_MILL]"对话框的"生成"按钮 ⚙，生成刀具轨迹，结果如图 5-21 所示。

单击"确认"按钮 🖱，系统弹出"刀轨可视化"对话框，选择 3D 动态，单击"播放"按钮 ▶，仿真结果如图 5-22 所示，三次单击"确定"按钮，完成前半部分粗加工工序的创建。

复制刚刚创建的工序 CAVITY_MILL，粘贴得到工序 CAVITY_MILL_COPY，如图 5-23

所示，双击工序 CAVITY_MILL_COPY，系统弹出"型腔铣 -[CAVITY_MILL_COPY]"对话框，如图 5-24 所示，单击"反向"按钮⊠，刀轴矢量方向反向。

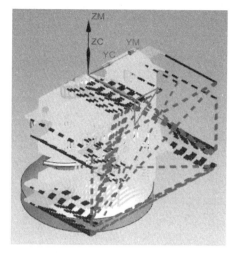

图 5-21　生成刀具轨迹

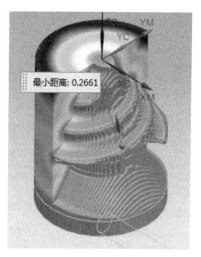

图 5-22　仿真结果

图 5-23　复制工序

图 5-24　刀轴矢量方向反向

选择"切削层"选项卡，如图 5-25 所示设置参数。单击"型腔铣"对话框的"生成"

按钮📇，生成刀具轨迹，结果如图 5-26 所示。

　　单击"确认"按钮📷，系统弹出"刀轨可视化"对话框，选择 3D 动态 ，单击"播放"按钮▶，仿真结果如图 5-27 所示，三次单击"确定"按钮，完成后半部分粗加工工序的创建。

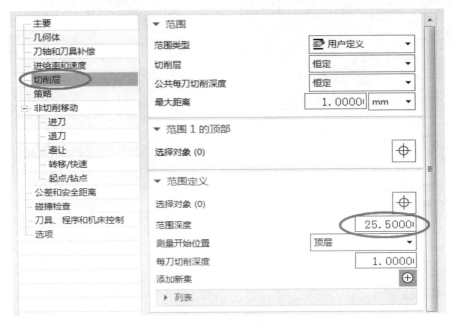

图 5-25　设置切削范围深度

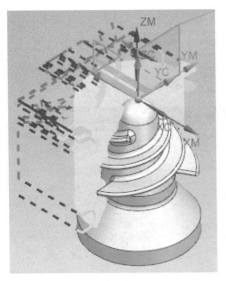

图 5-26　生成刀具轨迹图

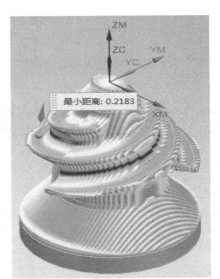

图 5-27　仿真结果

5.1.9　创建轮毂精加工工序

　　单击📇按钮，系统弹出"创建工序"对话框，如图 5-28 所示设置参数。

图 5-28 "创建工序"对话框

单击"确定"按钮,系统弹出"可变引导曲线 -[VARIABLE_AXIS_GUIDING_CURVES]"对话框,如图5-29所示设置参数。单击"指定切削区域"按钮 ,系统弹出"切削区域"对话框,选择图 5-30 所示轮毂面,单击"确定"按钮,完成切削区域指定。

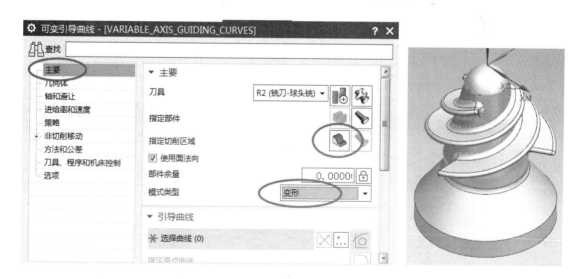

图 5-29 "可变引导曲线 -[VARIABLE_AXIS_GUIDING_CURVES]"对话框　　图 5-30　指定切削区域

如图 5-31 所示选择引导曲线,当两条曲线方向不一致时,单击"反向"按钮⊠,如图 5-32 所示设置步距等参数,如图 5-33 所示设置刀轴和避让。

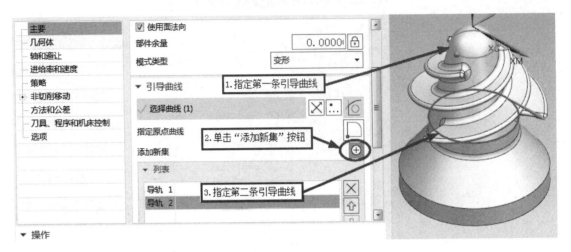

图 5-31　选择引导曲线

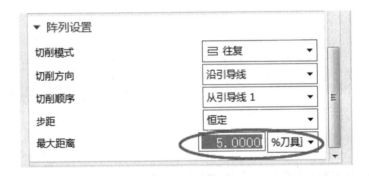

图 5-32　设置步距

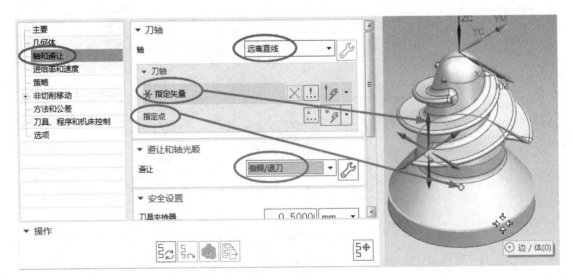

图 5-33　设置刀轴和避让

选择"进给率和速度"选项卡，如图 5-34 所示设置参数。

图 5-34　设置进给率和速度

选择"非切削移动"选项卡，如图 5-35 所示设置参数。

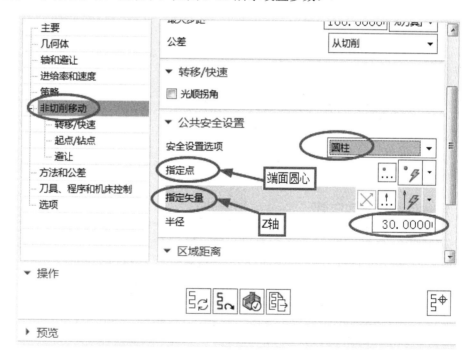

图 5-35　安全设置

单击"可变轮廓铣"对话框的"生成"按钮，系统生成刀具轨迹，如图 5-36 所示。

单击"确认"按钮，系统弹出"刀轨可视化"对话框，选择 3D 动态，单击"播放"按钮，仿真结果如图 5-37 所示，三次单击"确定"按钮，完成轮毂精加工工序的创建，如图 5-38 所示。

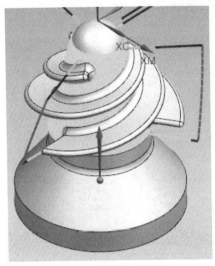

图 5-36　生成刀具轨迹

图 5-37　仿真结果

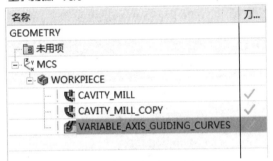

图 5-38　轮毂精加工工序

5.1.10　创建叶缘精加工工序

复制轮毂精加工工序，结果如图 5-39 所示。双击复制的工序 VARIABLE_AXIS_GUIDING_
CURVES_COPY，系统弹出"可变引导曲线 -[VARIABLE_AXIS_GUIDING_CURVES_COPY]"对
话框，如图 5-40 所示，"模式类型"为"恒定偏置"。

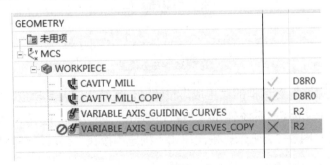

图 5-39　复制工序

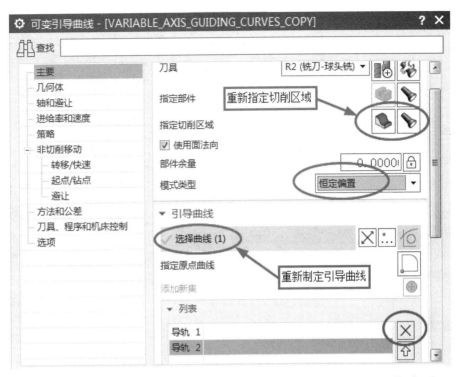

图 5-40 "可变引导曲线 -[VARIABLE_AXIS_GUIDING_CURVES_COPY]"对话框

单击"指定切削区域"按钮🛇，系统弹出"切削区域"对话框，如图 5-41 所示操作，单击"确定"按钮，重新指定切削区域，返回"可变引导曲线 -[VARIABLE_AXIS_GUIDING_CURVES_COPY]"对话框。

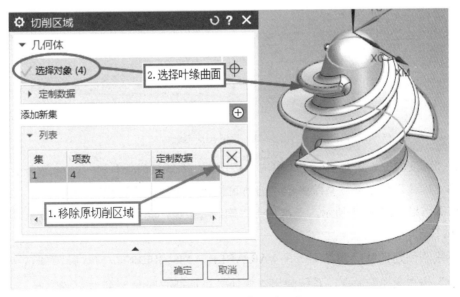

图 5-41 重新指定切削区域

如图 5-42 所示，删除原引导曲线并重新选择。如图 5-43 所示，设置切削参数。

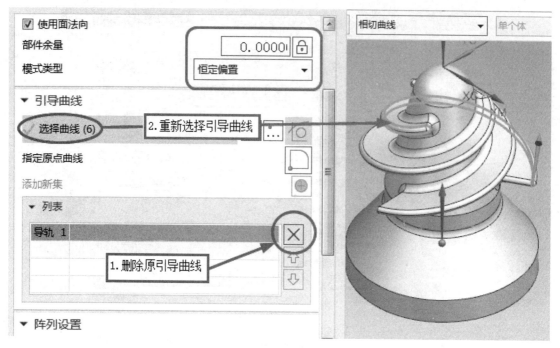

图 5-42　重新选择引导曲线

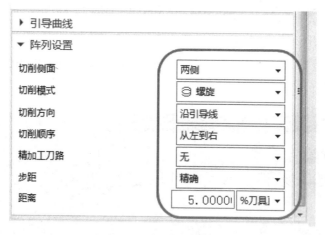

图 5-43　设置切削参数

单击"可变轮廓铣"对话框的"生成"按钮 🖫 ，系统生成刀具轨迹，如图 5-44 所示。

单击"确认"按钮 🖺 ，系统弹出"刀轨可视化"对话框，选择 3D 动态 ，单击"播放"按钮 ▶ ，仿真结果如图 5-45 所示，三次单击"确定"按钮，完成一个叶缘精加工工序的创建，如图 5-46 所示。

选择刚刚创建的叶缘精加工工序 VARIABLE_AXIS_GUIDING_CURVES_COPY，右击，选择"对象"—"变换"命令，系统弹出"变换"对话框，按图 5-47 所示进行操作设置，单击"确定"按钮，即可创建其余 2 个叶缘精加工工序，如图 5-48 所示，其刀具路径如图 5-49 所示，接下来同样也可对刀具路径进行可视化仿真分析。

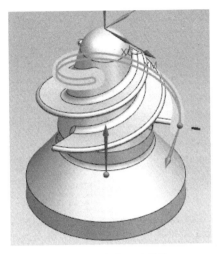

图 5-44 生成刀具轨迹

图 5-45 仿真结果

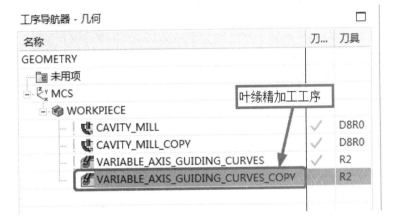

图 5-46 叶缘精加工工序

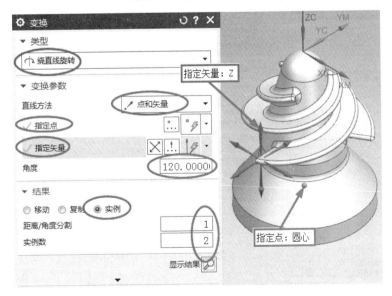

图 5-47 变换操作

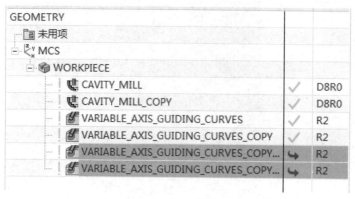

图 5-48　其余 2 个叶缘精加工工序

图 5-49　叶缘精加工刀具路径

5.1.11　创建叶面精加工工序

单击▓按钮，系统弹出"创建工序"对话框，如图 5-50 所示设置参数。

单击"确定"按钮，系统弹出"外形轮廓铣 -[CONTOUR_PROFILE]"对话框，如图 5-51 所示设置参数。单击"指定底面"按钮▣，系统弹出"底面几何体"对话框，选择图 5-52 所示轮毂面，单击"确定"按钮，完成底面指定。

单击"指定壁"按钮▣，系统弹出"壁几何体"对话框，如图 5-53 所示指定叶片侧面（6 个面），单击"确定"按钮完成壁几何体指定。

选择"轴和避让"选项卡，如图 5-54 所示设置刀轴。

选择"进给率和速度"选项卡，如图 5-55 所示设置参数。选择"非切削移动"选项卡，如图 5-56 所示设置参数。

图 5-50　"创建工序"对话框

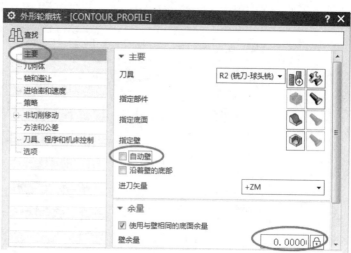

图 5-51　"外形轮廓铣 -[CONTOUR_PROFILE]"对话框

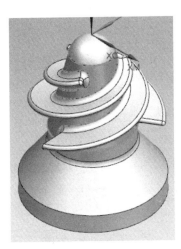

图 5-52　指定底面

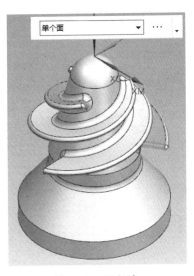

图 5-53　指定壁

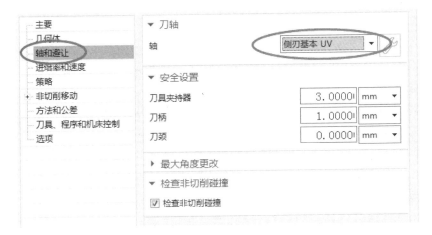

图 5-54　设置刀轴

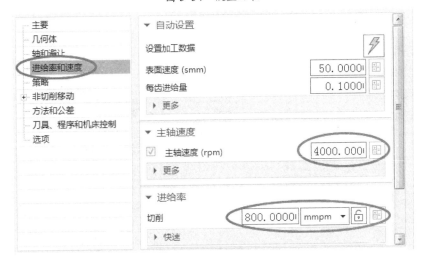

图 5-55　设置进给率和速度

数控加工实例教程

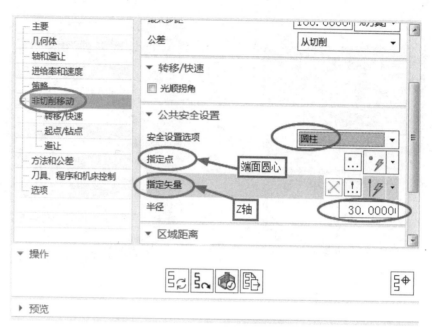

图 5-56 安全设置

单击"外形轮廓铣 -[CONTOUR_PROFILE]"对话框的"生成"按钮 🔄，系统生成刀具轨迹，如图 5-57 所示。

单击"确认"按钮 🔄，系统弹出"刀轨可视化"对话框，选择 3D 动态 ，单击"播放"按钮 ▶，仿真结果如图 5-58 所示，三次单击"确定"按钮，完成一个叶面精加工工序的创建，如图 5-59 所示。

选择刚刚创建的叶面精加工工序 CONTOUR_PROFILE，右击，选择"对象"—"变换"命令，系统弹出"变换"对话框，按图 5-47 所示进行操作设置，单击"确定"按钮，即可创建其余 2 个叶面精加工工序，如图 5-60 所示，其刀具路径如图 5-61 所示，接下来同样也可对刀具路径进行可视化仿真分析。

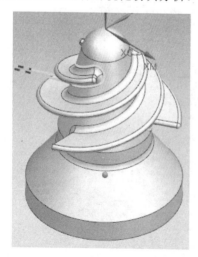

图 5-57 生成刀具轨迹

图 5-58 仿真结果

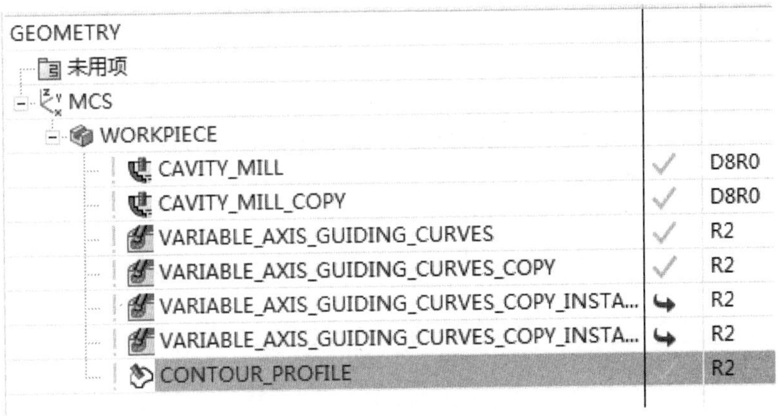

GEOMETRY
　　📑 未用项
　└ ⬚ MCS
　　└ 🎁 WORKPIECE
　　　　　🔧 CAVITY_MILL　　　　　　　　　　　　　　　✓　D8R0
　　　　　🔧 CAVITY_MILL_COPY　　　　　　　　　　　✓　D8R0
　　　　　📐 VARIABLE_AXIS_GUIDING_CURVES　　　　✓　R2
　　　　　📐 VARIABLE_AXIS_GUIDING_CURVES_COPY　✓　R2
　　　　　📐 VARIABLE_AXIS_GUIDING_CURVES_COPY_INSTA...　↪　R2
　　　　　📐 VARIABLE_AXIS_GUIDING_CURVES_COPY_INSTA...　↪　R2
　　　　　🌀 CONTOUR_PROFILE　　　　　　　　　　　　　　R2

图 5-59　叶面精加工工序

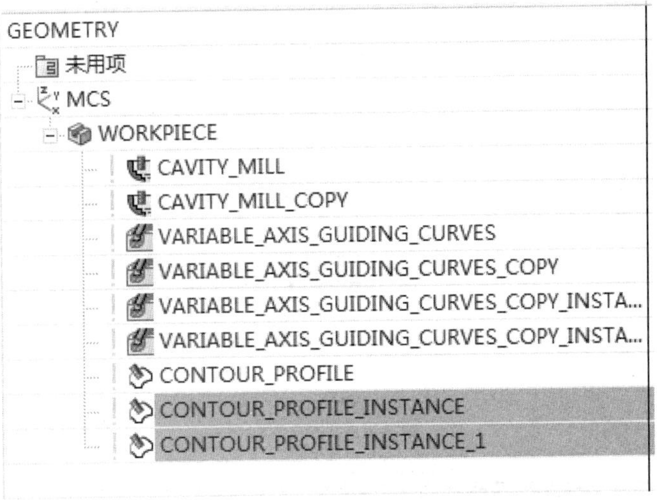

GEOMETRY
　　📑 未用项
　└ ⬚ MCS
　　└ 🎁 WORKPIECE
　　　　　🔧 CAVITY_MILL
　　　　　🔧 CAVITY_MILL_COPY
　　　　　📐 VARIABLE_AXIS_GUIDING_CURVES
　　　　　📐 VARIABLE_AXIS_GUIDING_CURVES_COPY
　　　　　📐 VARIABLE_AXIS_GUIDING_CURVES_COPY_INSTA...
　　　　　📐 VARIABLE_AXIS_GUIDING_CURVES_COPY_INSTA...
　　　　　🌀 CONTOUR_PROFILE
　　　　　🌀 CONTOUR_PROFILE_INSTANCE
　　　　　🌀 CONTOUR_PROFILE_INSTANCE_1

图 5-60　其余 2 个叶面精加工工序

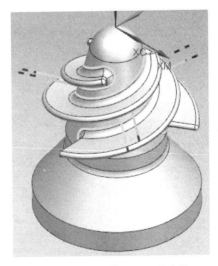

图 5-61　叶面精加工刀具路径

5.1.12　创建底座精加工工序

单击按钮，系统弹出"创建工序"对话框，如图 5-62 所示设置参数。

图 5-62　"创建工序"对话框

单击"确定"按钮，系统弹出"可变轮廓铣 -[VARIABLE_CONTOUR]"对话框，如图 5-63 所示设置余量和投影矢量。

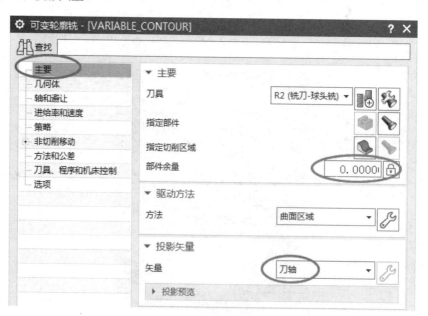

图 5-63　"可变轮廓铣 -[VARIABLE_CONTOUR]"对话框

单击"指定切削区域"按钮，系统弹出"切削区域"对话框，选择图 5-64 所示切削区域，单击"确定"按钮，返回"可变轮廓铣 -[VARIABLE_CONTOUR]"对话框。

单击驱动方法编辑按钮，系统弹出"曲面区域驱动方法"对话框，如图 5-65 所示设置参数。

图 5-64　指定切削区域

图 5-65　"曲面区域驱动方法"对话框

单击"指定驱动几何体"按钮，系统弹出"驱动几何体"对话框，隐藏部件显示毛坯，选择图 5-66 所示毛坯圆柱面，单击"确定"按钮完成驱动几何体的选择，返回"曲面区域驱动方法"对话框。

单击"切削方向"按钮，如图 5-67 所示，选择切削方向，另一方向即为步距方向，单击"确定"按钮，返回"可变轮廓铣 -[VARIABLE_CONTOUR]"对话框，隐藏毛坯显示部件。

数控加工实例教程

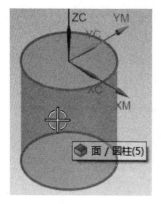

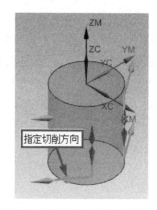

图 5-66 指定驱动几何体   图 5-67 指定切削方向

　　如图 5-68 所示，指定"刀轴"的"轴"为"远离直线"，系统弹出"远离直线"对话框，如图 5-69 所示，依次指定矢量（Z 轴）和点（圆心），单击"远离直线"对话框的"确定"按钮，完成刀轴指定，返回"可变轮廓铣 -[VARIABLE_CONTOUR]"对话框，指定"避让"为"侧倾 / 退刀"，系统弹出"输入控制"对话框，单击"确定"按钮返回"可变轮廓铣 -[VARIABLE_CONTOUR]"对话框。

图 5-68 指定刀轴矢量

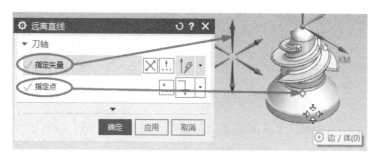

图 5-69 定义直线

　　选择"进给率和速度"选项卡，如图 5-70 所示设置参数。单击"可变轮廓铣 -[VARIABLE_CONTOUR]"对话框的"生成"按钮，系统生成刀具轨迹，如图 5-71 所示。

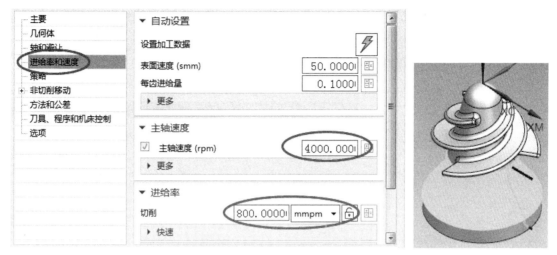

图 5-70　设置进给率和速度　　　　图 5-71　底座精加工刀具路径

单击"确认"按钮🔳，系统弹出"刀轨可视化"对话框，选择 3D 动态，单击"播放"按钮▶，仿真结果如图 5-72 所示，三次单击"确定"按钮，完成底座精加工工序的创建，如图 5-73 所示。

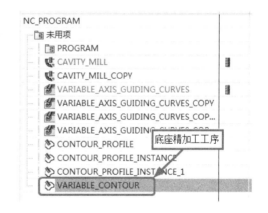

图 5-72　仿真结果　　　　　　　图 5-73　底座精加工工序

5.1.13　创建顶部精加工工序

单击🔳按钮，系统弹出"创建工序"对话框，选择区域轮廓铣工序子类型，如图 5-74 所示设置参数，单击"确定"按钮，系统弹出"Area Mill-[AREA_MILL]"对话框，如图 5-75 所示设置参数。

选择"几何体"选项卡，设置部件余量为 0，单击"指定切削区域"按钮🔳，系统弹出"切削区域"对话框，选择图 5-76 所示曲面，单击"确定"按钮，系统返回"Area Mill-[AREA_MILL]"对话框。

选择"进给率和速度"选项卡，如图 5-77 所示设置主轴速度和进给率。选择"非切削移动"的"光顺"选项卡，如图 5-78 所示设置参数。

图 5-74　"创建工序"对话框

图 5-75　"Area Mill-[AREA_MILL]"对话框

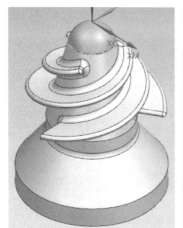

图 5-76　指定切削区域

图 5-77　设置主轴速度和进给率

图 5-78　光顺连接

单击"Area Mill-[AREA_MILL]"对话框的"生成"按钮 ，系统生成刀具轨迹，结果如图 5-79 所示。

单击"确认"按钮 ，系统弹出"刀轨可视化"对话框，选择 3D 动态 ，单击"播放"按钮 ，仿真结果如图 5-80 所示，三次单击"确定"按钮，完成顶部精加工工序的创建。

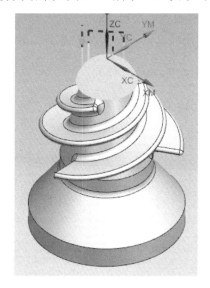

图 5-79　生成刀具轨迹

图 5-80　仿真结果

5.1.14　后处理

在工序导航器 - 程序视图中选择 NC_PROGRAM ，单击后处理按钮 后处理，系统弹出"后处理"对话框，如图 5-81 所示选择定制的专用后处理，后处理结果如图 5-82 所示。

```
N10  T1 M6
N20  D1
N30  M178
N40  MCSON
N50  G90G0Z0
N60  X-500Y-600
N70  MCSOF
N80  G54
N90  A0C=DC(0)
N100 G1 A-90. C=DC(270.) F25000.
N110 ;TRAORI G54
N120 M8
N130 AROT X-90.
N140 AROT Y90.
N150 RTCPON
N160 COMPON
N170 S3000 M3
N180 G1 G90 X14.934 Y28.184 Z35.2
N190 Z27.019
N200 Z24.019 F1000.
N210 X11.334
N220 G17 G94 G3 X7.334 Y24.184 I0.0 J-4.
```

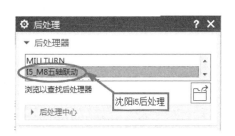

图 5-81　后处理对话框

图 5-82　后处理结果

5.1.15　练习与思考

1．请完成下载练习文件中 exe5_1.prt 部件的五轴加工。

2．请完成下载练习文件中 exe5_2.prt 部件的五轴加工。

提示：部件几何体不能选择时，右键，选择过滤器为"片体"。

5.2　实例 2：螺旋桨加工

螺旋桨叶是空间曲面，粗加工可以采用三轴和四轴定轴加工，精加工采用五轴联动加工，毛坯为铝合金棒料，使用五轴加工中心完成零件的加工。

螺旋桨加工工序（步）如下：

1）螺旋桨粗加工。

2）螺旋桨二次粗加工。

3）螺旋桨精加工。

5.2.1　打开源文件

打开源文件：螺旋桨 .prt，结果如图 5-83 所示。

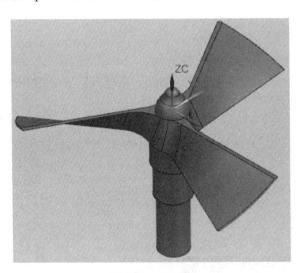

图 5-83　螺旋桨

5.2.2　部件分析

利用"包容体"和"分析"—"测量"命令可以测量螺旋桨最大直径为 100.27mm，桨叶高度为 10.75mm，利用"最小半径"命令测得桨叶最小圆角半径为 8mm。

5.2.3 绘制毛坯

选择"菜单"—"插入"—"设计特征"—"圆柱"命令，系统弹出"圆柱"对话框，按图 5-84 所示进行操作设置，单击"确定"按钮完成毛坯的绘制，半透明显示后结果如图 5-85 所示。

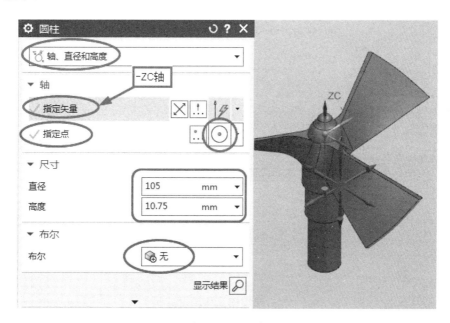

图 5-84　画圆柱

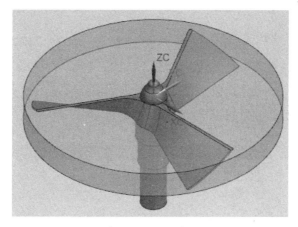

图 5-85　毛坯结果

5.2.4 加工环境配置

选择"应用模块"—"加工"，进入加工模块，系统弹出"加工环境"对话框，如图 5-86 所示设置参数，单击"确定"按钮，完成加工环境配置。

图 5-86　加工环境配置

5.2.5　设置加工坐标系

如图 5-87 所示，在工序导航器 - 几何视图中，双击 MCS，系统弹出"MCS"对话框，如图 5-88 所示，单击"坐标系对话框"按钮，系统弹出"坐标系"对话框，如图 5-89 所示设置参数，两次单击"确定"按钮完成加工坐标系的指定，加工坐标系原点位于毛坯上表面中心且与工作坐标系重合，结果如图 5-90 所示。

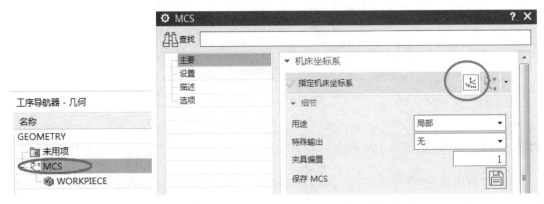

图 5-87　工序导航器 - 几何视图　　　　　　　图 5-88　"MCS"对话框

图 5-89　"坐标系"对话框

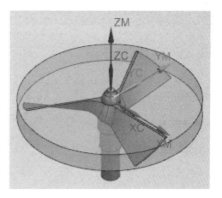

图 5-90　指定加工坐标系

5.2.6　指定部件、毛坯几何体

为便于选择，先隐藏部件仅显示毛坯。在工序导航器 - 几何视图中，双击 WORKPIECE，系统弹出"工件"对话框，单击"指定毛坯"按钮，选择毛坯，单击"确定"按钮，然后按 <Ctrl+Shift+B> 键显示部件，单击"指定部件"按钮，选择部件，两次单击"确定"按钮，完成毛坯、部件几何体的指定，结果如图 5-91 所示。

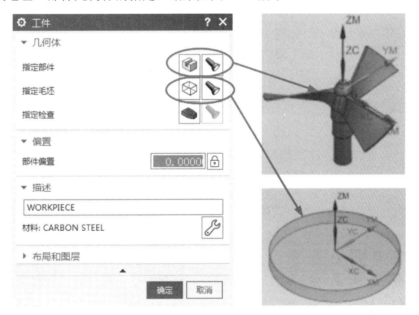

图 5-91　指定部件、毛坯几何体

5.2.7　创建刀具

在工序导航器中显示机床视图，单击 按钮，系统弹出"创建刀具"对话框，如图 5-92 所示设置参数，单击"确定"按钮，系统弹出"铣刀-5 参数"对话框，如图 5-93 所示设置刀具参数，单击"确定"按钮，完成平底刀 D12R0 的创建。

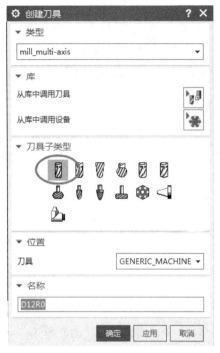

图 5-92 "创建刀具"对话框 1

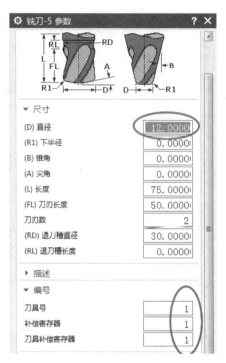

图 5-93 "铣刀-5 参数"对话框

单击 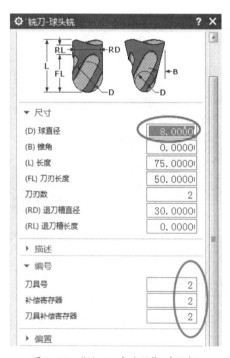 按钮，系统弹出"创建刀具"对话框，如图 5-94 所示设置参数，单击"确定"按钮，系统弹出"铣刀-球头铣"对话框，如图 5-95 所示设置刀具参数，单击"确定"按钮，完成 R4 球刀的创建。

图 5-94 "创建刀具"对话框 2

图 5-95 "铣刀-球头铣"对话框

5.2.8 创建螺旋桨粗加工工序

单击 按钮，系统弹出"创建工序"对话框，选择型腔铣工序子类型，如图 5-96 所示设置参数，单击"确定"按钮，系统弹出"型腔铣 -[CAVITY_MILL]"对话框，如图 5-97 所示。

图 5-96 "创建工序"对话框

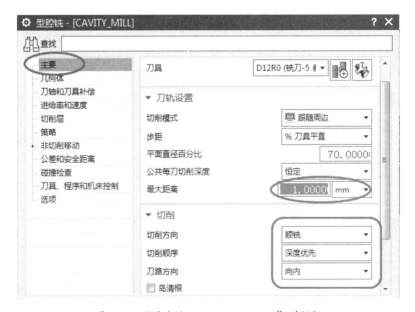

图 5-97 "型腔铣 -[CAVITY_MILL]"对话框

选择"几何体"选项卡，如图 5-98 所示设置余量。选择"刀轴和刀具补偿"选项卡，如图 5-99 所示设置刀轴。

图 5-98　设置余量

图 5-99　设置刀轴

选择"进给率和速度"选项卡，如图 5-100 所示设置主轴速度和进给率。

选择"切削层"选项卡，如图 5-101 所示设置范围深度。

选择"非切削移动"的"进刀"选项卡，如图 5-102 所示设置参数。

单击"型腔铣"对话框的"生成"按钮，生成刀具轨迹，结果如图 5-103 所示。

单击"确认"按钮，系统弹出"刀轨可视化"对话框，选择 3D 动态，单击"播放"按钮，仿真结果如图 5-104 所示，两次单击"确定"按钮，完成螺旋桨粗加工工序的创建。

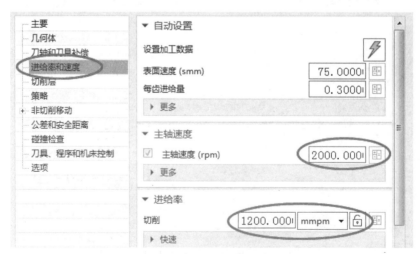

图 5-100　设置主轴速度和进给率

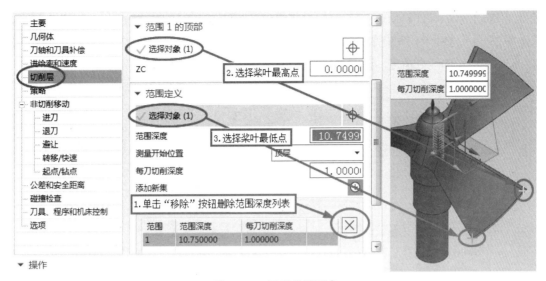

图 5-101　设置范围深度

图 5-102　设置进刀参数

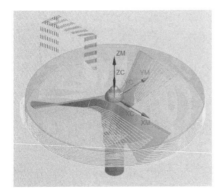

图 5-103　生成刀具轨迹

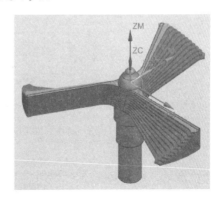

图 5-104　仿真结果

5.2.9　创建螺旋桨二次粗加工工序

复制刚刚创建的工序 CAVITY_MILL，粘贴得到工序 CAVITY_MILL_COPY，如图 5-105

数控加工实例教程

所示，双击工序 CAVITY_MILL_COPY，系统弹出"型腔铣 -[CAVITY_MILL_COPY]"对话框，选择"几何体"选项卡，系统弹出"切削区域"对话框，如图 5-106 所示指定切削区域，单击"确定"按钮完成切削区域指定，返回"型腔铣 -[CAVITY_MILL_COPY]"对话框。

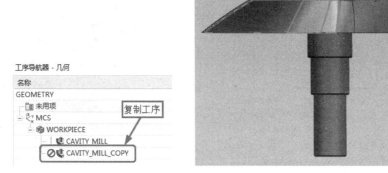

图 5-105　复制工序　　　　　　　图 5-106　指定切削区域

选择"刀轴和刀具补偿"选项卡，如图 5-107 所示，指定刀轴矢量方向。

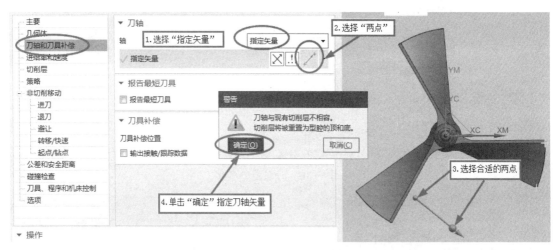

图 5-107　指定刀轴矢量方向

选择"切削层"选项卡，如图 5-108 所示设置参数。

单击"型腔铣 -[CAVITY_MILL_COPY]"对话框的"生成"按钮，生成刀具轨迹，结果如图 5-109 所示。

单击"确认"按钮，系统弹出"刀轨可视化"对话框，选择 3D 动态，单击"播放"按钮，仿真结果如图 5-110 所示，两次单击"确定"按钮，完成一个桨叶二次粗加工工序创建。

选择刚刚创建的二次粗加工工序 CAVITY_MILL_COPY，右击，选择"对象"—"变换"命令，系统弹出"变换"对话框，按图 5-111 所示进行操作设置，单击"确定"按钮，即可创建其余两个桨叶二次粗加工工序，如图 5-112 所示，其刀具路径如图 5-113 所示，接下来同样也可对刀具路径进行可视化仿真分析。

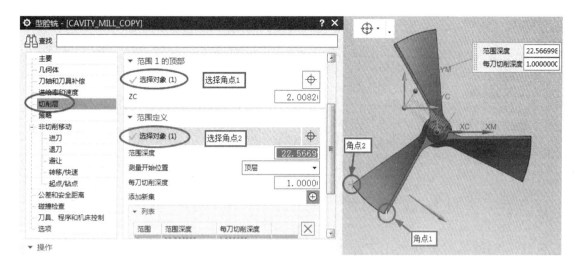

图 5-108 设置切削范围深度

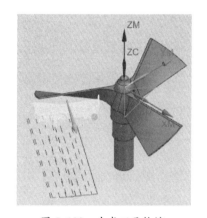

图 5-109 生成刀具轨迹

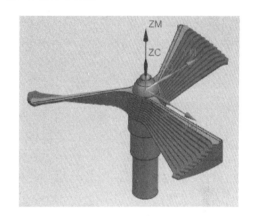

图 5-110 仿真结果

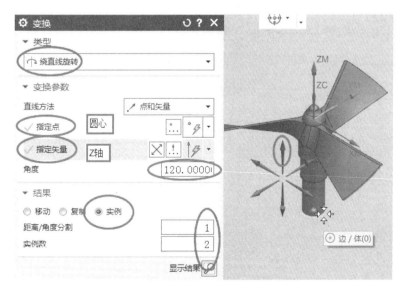

图 5-111 变换操作

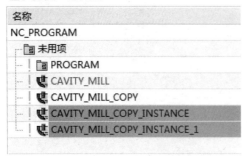

图 5-112　其余两个桨叶二次粗加工工序

图 5-113　桨叶二次粗加工刀具路径

5.2.10　创建螺旋桨精加工工序

为了保证顺利选择驱动曲面，首先设置成链公差，选择"菜单"—"首选项"—"选择"，系统弹出"选择首选项"对话框，如图 5-114 所示设置。

单击 按钮，系统弹出"创建工序"对话框，如图 5-115 所示设置。

图 5-114　设置成链公差

图 5-115　"创建工序"对话框

单击"确定"按钮，系统弹出"可变轮廓铣 -[VARIABLE_CONTOUR]"对话框，如图 5-116 所示设置参数。

单击驱动方法编辑按钮 🔧，系统弹出"曲面区域驱动方法"对话框，如图 5-117 所示设置参数。

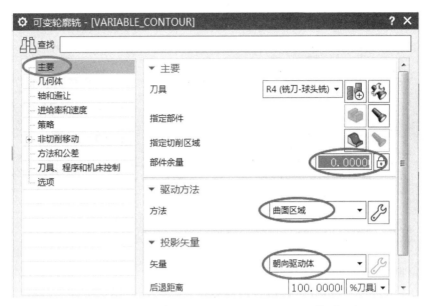

图 5-116 "可变轮廓铣 -[VARIABLE_CONTOUR]"对话框

图 5-117 "曲面区域驱动方法"对话框

单击"指定驱动几何体"按钮，系统弹出"驱动几何体"对话框，选择图 5-118 所示曲面，单击"确定"按钮完成驱动几何体的选择，返回"曲面区域驱动方法"对话框。

单击"切削方向"按钮，如图 5-119 所示，选择切削方向，另一方向即为步距方向，单击"确定"按钮返回"可变轮廓铣 -[VARIABLE_CONTOUR]"对话框。

单击"材料反向"按钮，材料方向如图 5-120 所示，单击"确定"按钮，返回"可变轮廓铣 -[VARIABLE_

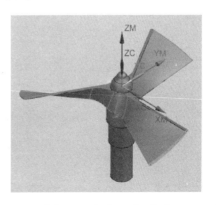

图 5-118 指定驱动几何体

203

CONTOUR]"对话框。

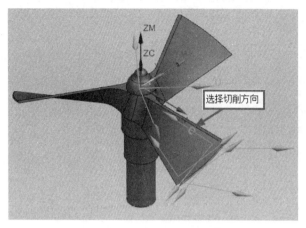

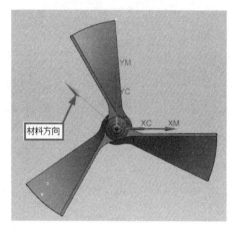

图 5-119　选择切削方向　　　　　　　　　图 5-120　材料方向

选择"轴和避让"选项卡,如图 5-121 所示设置参数。单击"指定侧刃方向"按钮,系统弹出"选择侧刃驱动方向"对话框,选择图 5-122 所示侧刃方向,单击"驱动"按钮,返回"可变轮廓铣 -[VARIABLE_CONTOUR]"对话框。

图 5-121　设置刀轴和避让

图 5-122　选择侧刃驱动方向

选择"进给率和速度"选项卡,如图 5-123 所示设置参数。单击"可变轮廓铣 -[VARIABLE_

CONTOUR]"对话框的"生成"按钮 ⏵️，系统生成刀具轨迹，如图 5-124 所示。

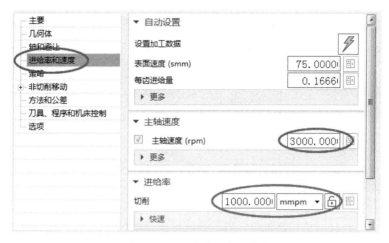

图 5-123　设置进给率和速度

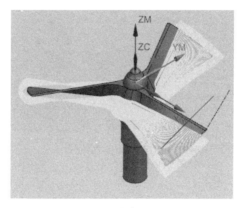

图 5-124　螺旋桨精加工刀具路径

　　单击"确认"按钮 ⏵️，系统弹出"刀轨可视化"对话框，选择 3D 动态，单击"播放"按钮 ▶️，仿真结果如图 5-125 所示，两次单击"确定"按钮，完成螺旋桨精加工工序的创建，如图 5-126 所示。

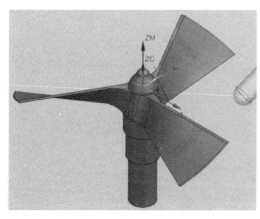

图 5-125　仿真结果

图 5-126　螺旋桨精加工工序

5.2.11　后处理

在工序导航器 - 程序视图中选择 NC_PROGRAM，单击后处理按钮 后处理，系统弹出"后处理"对话框，如图 5-127 所示选择定制的专用后处理，后处理结果如图 5-128 所示。

图 5-127　"后处理"对话框　　　　　图 5-128　后处理结果

5.2.12　练习与思考

1. 请完成下载练习文件中 exe5_3.prt 部件的五轴加工。
2. 请完成下载练习文件中 exe5_4.prt 部件的五轴加工。

第6章

车铣复合加工

复合加工是把几种不同的工艺在一台机床上实现，是机械加工领域的一种先进制造技术，其中应用最广泛的是车铣复合加工。车铣复合加工中心相当于一台数控车床和一台加工中心的复合。

6.1 实例1：锥轴的加工

本实例为简单的车铣复合加工零件，端面和外圆采用车削加工，外圆平面和端面孔采用铣削加工，其加工工艺（简略）如下：

1）车端面。

2）粗车外圆。

3）精车端面外圆。

4）铣外圆平面。

5）铣端面孔。

6）切断。

6.1.1 打开源文件

打开源文件：锥轴 .prt，结果如图 6-1 所示。

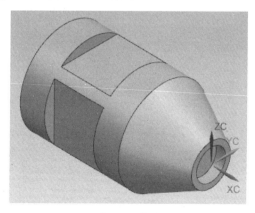

图 6-1　锥轴

6.1.2　部件分析

利用"分析"—"测量距离"命令可以测量部件直径为 90mm，长为 150mm；端面孔为 ϕ30mm、深 10mm；外圆平面长为 50mm、深为 10mm。

6.1.3　绘制毛坯

根据部件尺寸，考虑装夹需要及合理余量，单件生产毛坯尺寸确定为 ϕ100mm×200mm。

选择"应用模块"—"建模"，进入建模模块，选择"菜单"—"插入"—"设计特征"—"圆柱"，系统弹出"圆柱"对话框，如图 6-2 所示设置参数。

单击"点对话框"按钮 ⬚，系统弹出"点"对话框，如图 6-3 所示设置参数，两次单击"确定"按钮，完成毛坯的绘制。

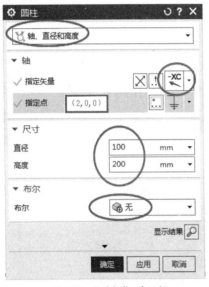
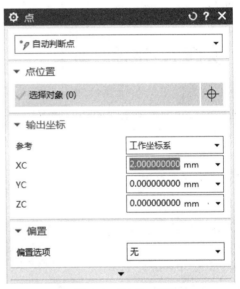

图 6-2　"圆柱"对话框　　　　　　图 6-3　"点"对话框

选择毛坯几何体，选择"菜单"—"编辑"—"对象显示"，系统弹出"编辑对象显示"对话框，将毛坯透明度设为 60，单击"确定"按钮，结果如图 6-4 所示。

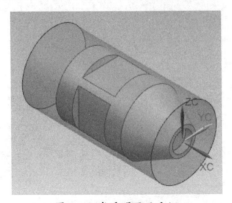

图 6-4　半透明显示毛坯

6.1.4 加工环境配置

选择"应用模块"—"加工",进入加工模块,系统弹出"加工环境"对话框,如图 6-5 所示设置,单击"确定"按钮,完成加工环境配置,在工序导航器 - 几何视图中单击 ➕ 展开视图,结果如图 6-6 所示。

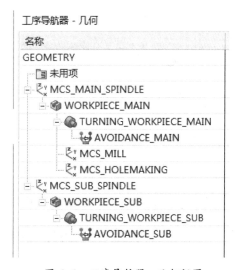

图 6-5 加工环境配置　　　　　　　　　　图 6-6　工序导航器 - 几何视图

6.1.5　设置加工坐标系

双击 ⧉ MCS_MAIN_SPINDLE ,系统弹出图 6-7 所示"MCS Main Spindle"对话框。

图 6-7　"MCS Main Spindle"对话框

209

选择毛坯右端面边界，如图 6-8 所示，单击"确定"按钮，关闭"MCS Main Spindle"对话框，系统将加工坐标系原点指定在毛坯右端面中心，结果如图 6-9 所示。

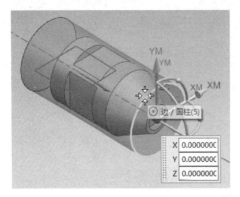 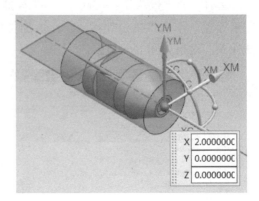

图 6-8 选择毛坯端面边界　　　　　　图 6-9 指定加工坐标系

6.1.6 指定部件、毛坯几何体

如图 6-6 所示，在工序导航器 - 几何视图中双击 WORKPIECE_MAIN，系统弹出"Workpiece Main"对话框，如图 6-10 所示指定部件和毛坯几何体，单击"确定"按钮，完成部件、毛坯几何体的指定。

说明：为便于选择，可交替显示部件、毛坯几何体。

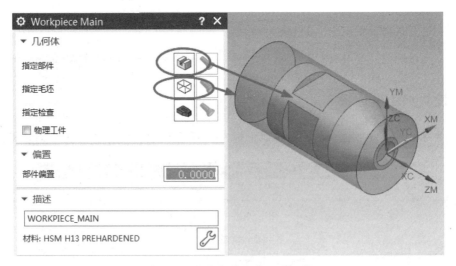

图 6-10 指定部件、毛坯几何体

6.1.7 生成部件、毛坯边界

在工序导航器 - 几何视图中双击 TURNING_WORKPIECE_MAIN，系统弹出图 6-11 所示"Turning Workpiece Main"对话框，自动生成部件、毛坯边界。

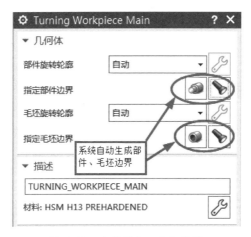

图 6-11　生成部件、毛坯边界

6.1.8　定义避让几何体

在工序导航器 - 几何视图中双击 AVOIDANCE_MAIN，系统弹出"Avoidance Main"对话框，如图 6-12 所示指定出发点（FR）。

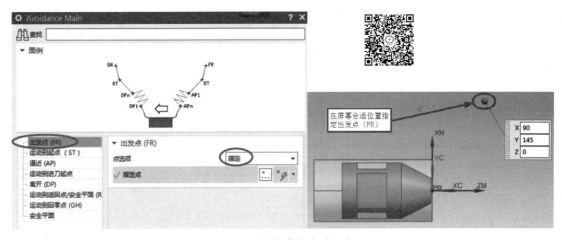

图 6-12　指定出发点（FR）

如图 6-13 所示指定起点（ST）。

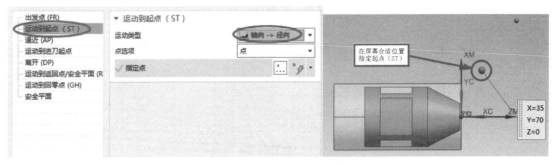

图 6-13　指定起点（ST）

如图 6-14 所示设置运动到进刀起点运动类型。

图 6-14　设置运动到进刀起点

如图 6-15 所示设置运动到回零点。

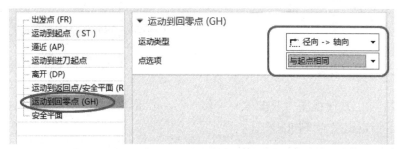

图 6-15　设置运动到回零点

6.1.9　创建刀具

将工序导航器切换到机床视图，单击 ![按钮] 按钮，系统弹出"创建刀具"对话框，如图 6-16 所示设置参数，单击"确定"按钮，系统弹出"车刀- 标准"对话框，如图 6-17 所示设置刀具参数，单击"确定"按钮，完成外圆粗车刀具的创建。

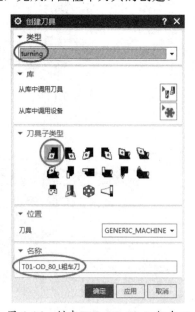

图 6-16　创建 T01-OD_80_L 粗车刀

图 6-17 设置刀具参数 1

单击 ![创建刀具] 按钮，系统弹出"创建刀具"对话框，如图 6-18 所示设置参数，单击"确定"按钮，系统弹出"车刀- 标准"对话框，如图 6-19 所示设置刀具参数，单击"确定"按钮，完成外圆精车刀具的创建。

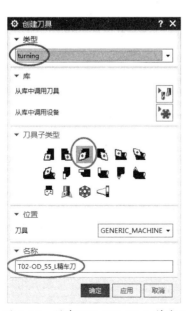

图 6-18 创建 T02-OD_55_L 精车刀

图 6-19 设置刀具参数 2

　　单击 按钮，系统弹出"创建刀具"对话框，如图 6-20 所示设置参数，单击"确定"按钮，系统弹出"铣刀-5 参数"对话框，如图 6-21 所示设置刀具参数，单击"确定"按钮，完成轴向粗加工铣刀的创建。

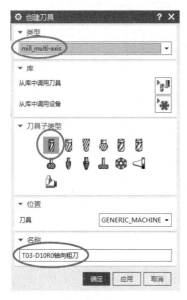

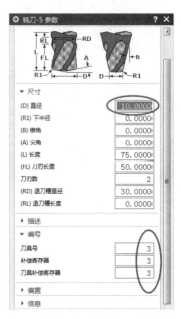

图 6-20　创建 T03-D10R0 轴向粗刀　　　　图 6-21　设置刀具参数 3

　　单击 按钮，系统弹出"创建刀具"对话框，如图 6-22 所示设置参数，单击"确定"按钮，系统弹出"铣刀-5 参数"对话框，如图 6-23 所示设置刀具参数，单击"确定"按钮，完成轴向粗加工铣刀的创建。

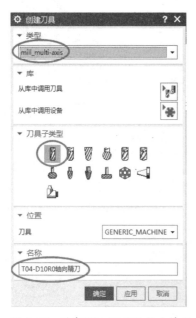

图 6-22　创建 T04-D10R0 轴向精刀　　　　图 6-23　设置刀具参数 4

单击 按钮，系统弹出"创建刀具"对话框，如图 6-24 所示设置参数，单击"确定"按钮，系统弹出"铣刀-5 参数"对话框，如图 6-25 所示设置刀具参数，单击"确定"按钮，完成径向粗加工铣刀的创建。

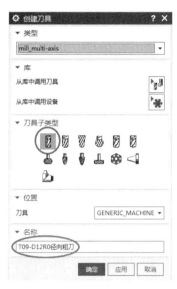

图 6-24　创建 T09-D12R0 径向粗刀　　　　图 6-25　设置刀具参数 5

单击 按钮，系统弹出"创建刀具"对话框，如图 6-26 所示设置参考，单击"确定"按钮，系统弹出"铣刀-5 参数"对话框，如图 6-27 所示设置刀具参数，单击"确定"按钮，完成径向精加工铣刀的创建。

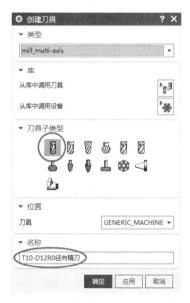

图 6-26　创建 T10-D12R0 径向精刀　　　　图 6-27　设置刀具参数 6

单击 按钮，系统弹出"创建刀具"对话框，如图 6-28 所示设置参数，单击"确定"按钮，系统弹出"槽刀- 标准"对话框，如图 6-29 所示设置刀具参数，单击"确定"按钮，完成切断刀的创建。

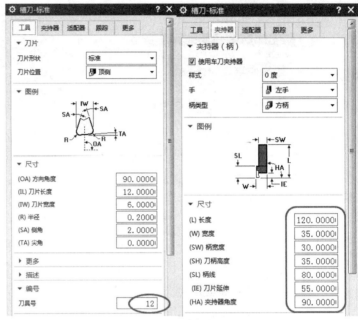

图 6-28　创建 T12-OD_GROOVE_L 槽刀　　　　图 6-29　设置刀具参数 7

6.1.10　创建粗车端面工序

为便于操作，隐藏毛坯。单击 按钮，系统弹出"创建工序"对话框，如图 6-30 所示设置参数，单击"确定"按钮，系统弹出"面加工 -[粗车端面]"对话框，如图 6-31 所示设置参数。

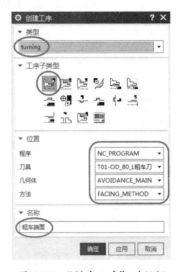

图 6-30　"创建工序"对话框

图 6-31　"面加工 -[粗车端面]"对话框

选择"进给率和速度"选项卡，如图 6-32 所示设置主轴速度和进给率。

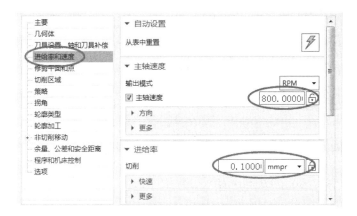

图 6-32　设置主轴速度和进给率

选择"余量、公差和安全距离"选项卡，如图 6-33 所示设置端面余量。

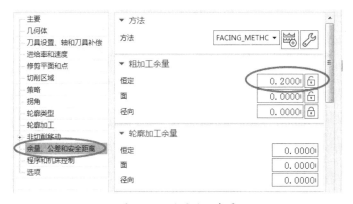

图 6-33　设置端面余量

单击"面加工 -[粗车端面]"对话框的"生成"按钮 ，系统生成刀具轨迹，如图 6-34 所示。

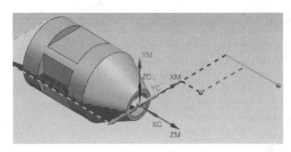

图 6-34　生成刀具轨迹

单击"确认"按钮 ，系统弹出"刀轨可视化"对话框，选择 3D 动态，单击"播放"按钮▶，仿真结果如图 6-35 所示，三次单击"确定"按钮，完成粗车端面工序的创建，结果如图 6-36 所示。

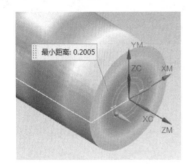

图 6-35　仿真结果

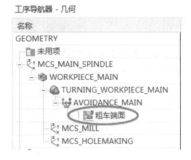

图 6-36　粗车端面工序

6.1.11　创建粗车外圆工序

单击 按钮，系统弹出"创建工序"对话框，如图 6-37 所示设置参数，单击"确定"按钮，系统弹出"外径粗车 -[粗车外圆]"对话框，如图 6-38 所示设置参数。

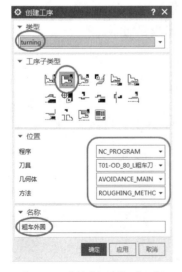

图 6-37　"创建工序"对话框

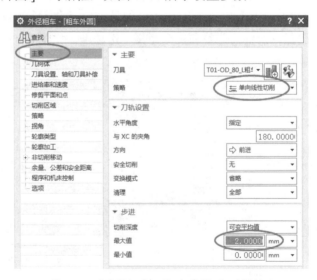

图 6-38　"外径粗车 -[粗车外圆]"对话框

选择"进给率和速度"选项卡，如图 6-39 所示设置主轴速度和进给率。

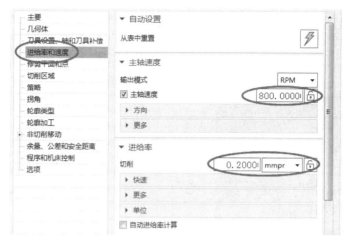

图 6-39　设置主轴速度和进给率

选择"修剪平面和点"选项卡，如图 6-40 所示设置外径粗车范围。

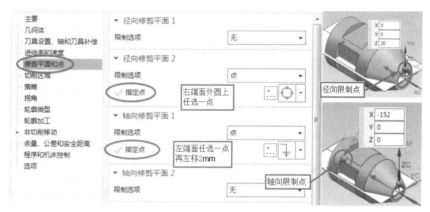

图 6-40　设置外径粗车范围

选择"余量、公差和安全距离"选项卡，如图 6-41 所示设置端面余量。

单击"外径粗车 -[粗车外圆]"对话框的"生成"按钮🗲，系统生成刀具轨迹，如图 6-42 所示。

图 6-41　设置端面余量　　　　　　　　图 6-42　生成刀具轨迹

单击"确认"按钮 🔧，系统弹出"刀轨可视化"对话框，选择 3D 动态，单击"播放"按钮 ▶，仿真结果如图 6-43 所示，三次单击"确定"按钮，完成粗车外圆工序的创建，结果如图 6-44 所示。

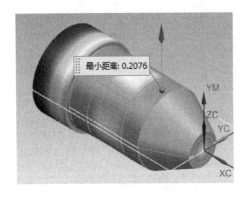

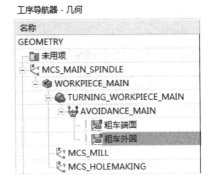

图 6-43　仿真结果

图 6-44　粗车外圆工序

6.1.12　创建精车端面外圆工序

单击 🔧 按钮，系统弹出"创建工序"对话框，如图 6-45 所示设置参数，单击"确定"按钮，系统弹出"外径精车 -[精车端面外圆]"对话框，如图 6-46 所示设置参数。

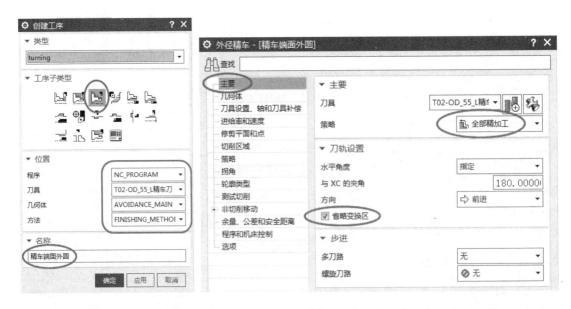

图 6-45　"创建工序"对话框　　　图 6-46　"外径精车 -[精车端面外圆]"对话框

选择"进给率和速度"选项卡，如图 6-47 所示设置主轴速度和进给率。

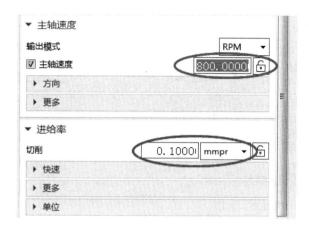

图 6-47　设置主轴速度和进给率

选择"修剪平面和点"选项卡，如图 6-48 所示设置外径精车范围。

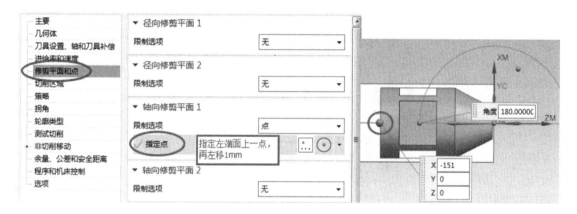

图 6-48　设置外径精车范围

选择"策略"选项卡，如图 6-49 所示设置参数。

图 6-49　"策略"选项卡

选择"余量、公差和安全距离"选项卡，如图 6-50 所示设置余量。

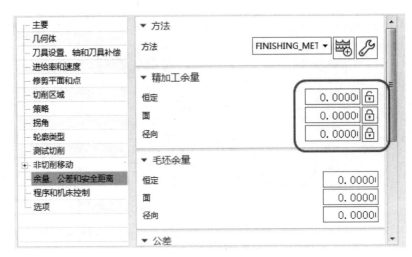

图 6-50　设置余量

单击"外径精车"对话框的"生成"按钮 ⬚，系统生成刀具轨迹，如图 6-51 所示。

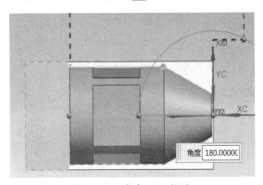

图 6-51　生成刀具轨迹

单击"确认"按钮 ⬚，系统弹出"刀轨可视化"对话框，选择 3D 动态，单击"播放"按钮 ▶，仿真结果如图 6-52 所示，三次单击"确定"按钮，完成精车端面外圆工序的创建，结果如图 6-53 所示。

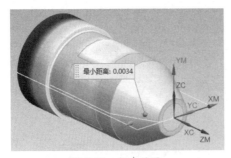

图 6-52　仿真结果

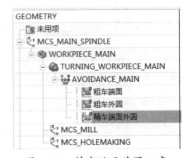

图 6-53　精车端面外圆工序

6.1.13　创建外圆平面粗加工工序

单击 ⬚ 按钮，系统弹出"创建工序"对话框，如图 6-54 所示设置参数，单击"确定"

按钮，系统弹出"底壁铣 -[外圆平面粗加工]"对话框，如图 6-55 所示设置参数。

图 6-54 "创建工序"对话框

图 6-55 "底壁铣 -[外圆平面粗加工]"对话框

单击"指定切削区底面"按钮，系统弹出"切削区域"对话框，选择图 6-56 所示底面，单击"确定"按钮，返回"底壁铣 -[外圆平面粗加工]"对话框。

选择"刀轴"选项卡，如图 6-57 所示设置刀轴矢量。

图 6-56　指定底面　　　　　　　　　　　　图 6-57　设置刀轴矢量

选择"进给率和速度"选项卡，如图 6-58 所示设置主轴速度和进给率。

图 6-58　设置主轴速度和进给率

选择"策略"选项卡，如图 6-59 所示设置参数。

单击"底壁铣 -[外圆平面粗加工]"对话框的"生成"按钮，系统生成刀具轨迹，如图 6-60 所示。

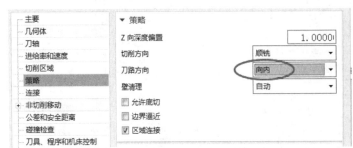
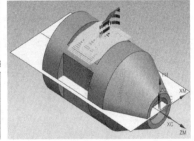

图 6-59　"策略"选项卡　　　　　　　　　　图 6-60　生成刀具轨迹

单击"确认"按钮，系统弹出"刀轨可视化"对话框，选择 3D 动态，单击"播放"按钮，仿真结果如图 6-61 所示，三次单击"确定"按钮，完成外圆平面粗加工工序的创建，结果如图 6-62 所示。

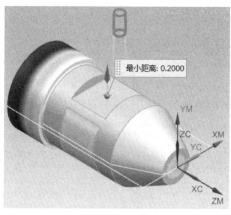

图 6-61　仿真结果

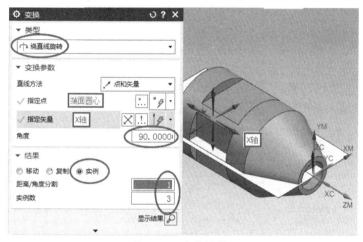

图 6-62　外圆平面粗加工工序

　　选择刚刚创建的工序 外圆平面粗加工，右击，选择"对象"—"变换"命令，系统弹出"变换"对话框，按图 6-63 所示进行操作设置，单击"确定"按钮，即可创建外圆其余平面粗加工工序，如图 6-64 所示，其刀具路径如图 6-65 所示。接下来同样也可对刀具路径进行可视化仿真分析。

图 6-63　变换操作

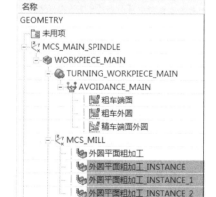

图 6-64　外圆其余平面粗加工工序

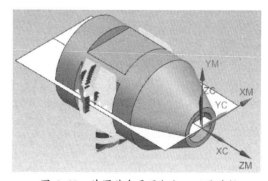

图 6-65　外圆其余平面粗加工刀具路径

6.1.14 创建外圆平面精加工工序

复制外圆平面粗加工工序，结果如图 6-66 所示。

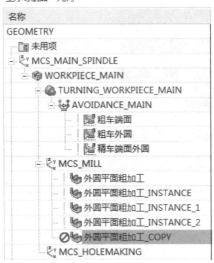

图 6-66 复制工序

双击复制的工序  外圆平面粗加工_COPY，系统弹出"底壁铣 -[外圆平面粗加工 _COPY]"对话框，如图 6-67 所示设置参数。

图 6-67 "底壁铣 -[外圆平面粗加工 _COPY]"对话框

选择"进给率和速度"选项卡，如图 6-68 所示设置主轴速度和进给率。

图 6-68　设置主轴速度和进给率

单击"底壁铣 -[外圆平面粗加工 _COPY]"对话框的"生成"按钮，系统生成刀具轨迹，如图 6-69 所示。

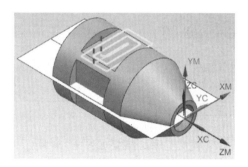

图 6-69　生成刀具轨迹

单击"确认"按钮，系统弹出"刀轨可视化"对话框，选择 3D 动态 ，单击"播放"按钮，仿真结果如图 6-70 所示，三次单击"确定"按钮，完成外圆平面精加工工序的创建，工序重命名后结果如图 6-71 所示。

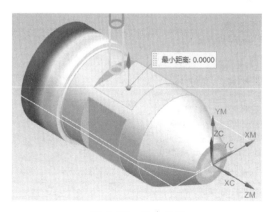

图 6-70　仿真结果

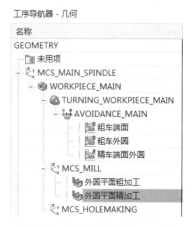

图 6-71　外圆平面精加工工序

227

选择刚刚创建的工序 🌊 外圆平面精加工，右击，选择"对象"—"变换"命令，系统弹出"变换"对话框，同样按图6-63所示进行操作设置，单击"确定"按钮，即可创建外圆其余平面精加工工序，如图6-72所示，其刀具路径如图6-73所示。接下来同样也可对刀具路径进行可视化仿真分析。

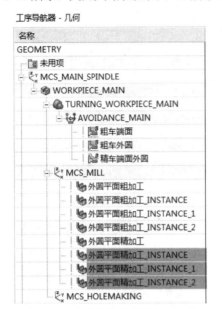

图 6-72　外圆其余平面精加工工序

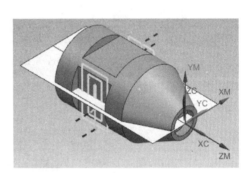

图 6-73　外圆其余平面精加工刀具路径

6.1.15　创建端面孔粗加工工序

复制前面创建的外圆平面粗加工工序，结果如图6-74所示。

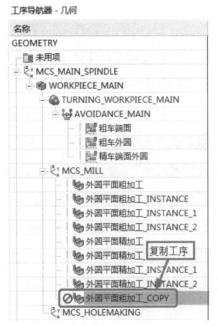

图 6-74　复制工序

双击复制的工序 🖉 ∿ 外圆平面粗加工_COPY ，系统弹出"底壁铣 -[外圆平面粗加工 _COPY]"对话框，如图 6-75 所示设置参数。单击"指定切削区底面"按钮 🐁，系统弹出"切削区域"对话框，移除原来底面，如图 6-76 所示重新指定端面孔底面，单击"确定"按钮，完成底面指定。

图 6-75 "底壁铣 -[外圆平面粗加工 _COPY]"对话框

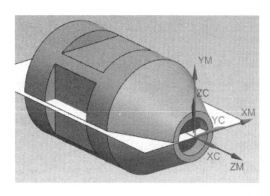

图 6-76 重新指定端面孔底面

选择"进给率和速度"选项卡，如图 6-77 所示设置主轴速度和进给率。

数控加工实例教程

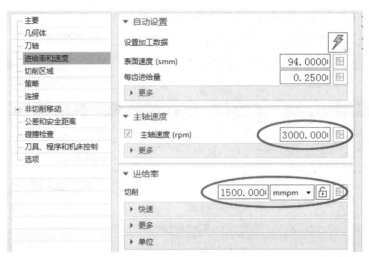

图 6-77　设置主轴速度和进给率

单击"底壁铣 -[外圆平面粗加工 _COPY]"对话框的"生成"按钮🔄，系统生成刀具轨迹，如图 6-78 所示。

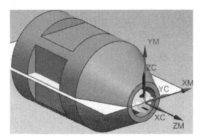

图 6-78　生成刀具轨迹

单击"确认"按钮🖳，系统弹出"刀轨可视化"对话框，选择 3D 动态 ，单击"播放"按钮▶，仿真结果如图 6-79 所示，三次单击"确定"按钮，完成端面孔粗加工工序的创建，工序重命名后结果如图 6-80 所示。

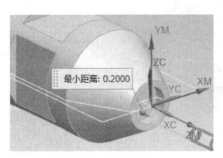

图 6-79　仿真结果

图 6-80　端面孔粗加工工序

6.1.16 创建端面孔精加工工序

复制端面孔粗加工工序，结果如图 6-81 所示。

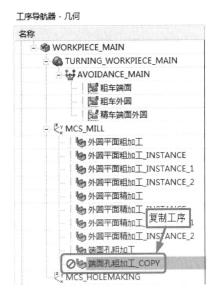

图 6-81 复制工序

双击复制的工序  端面孔粗加工_COPY，系统弹出"底壁铣 -[椭圆粗加工 _COPY]"对话框，如图 6-82 所示设置参数。

图 6-82 "底壁铣 -[椭圆粗加工 _COPY]"对话框

选择"进给率和速度"选项卡，如图 6-83 所示设置主轴速度和进给率。

图 6-83 设置主轴速度和进给率

选择"非切削移动"下的"进刀"选项卡，如图 6-84 所示设置进刀参数。

图 6-84 设置进刀参数

单击"底壁铣 -[椭圆粗加工_COPY]"对话框的"生成"按钮，系统生成刀具轨迹，如图 6-85 所示。

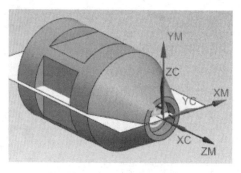

图 6-85 生成刀具轨迹

单击"确认"按钮🔧，系统弹出"刀轨可视化"对话框，选择3D 动态，单击"播放"按钮▶，仿真结果如图 6-86 所示，三次单击"确定"按钮，完成端面孔精加工工序的创建，工序重命名后结果如图 6-87 所示。

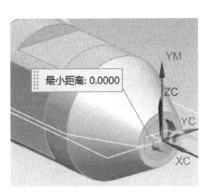

图 6-86　仿真结果

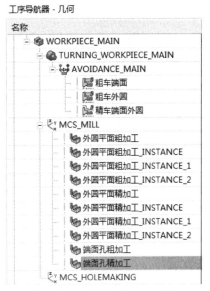

图 6-87　端面孔精加工工序

6.1.17　创建切断工序

单击🔩 按钮，系统弹出"创建工序"对话框，选择部件分离工序子类型，如图 6-88 所示设置参数，单击"确定"按钮，系统弹出"部件分离 -[切断]"对话框，如图 6-89 所示设置参数。

图 6-88　"创建工序"对话框

233

数控加工实例教程

图 6-89 "部件分离 -[切断]"对话框

单击"进给率和速度"按钮 🔩，系统弹出"进给率和速度"对话框，如图 6-90 所示设置参数，单击"确定"按钮，完成进给率和速度设置，返回"部件分离 -[切断]"对话框。

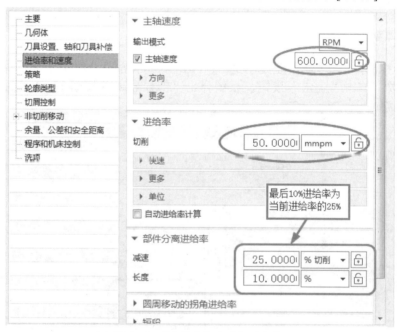

图 6-90 "进给率和速度"对话框

单击"部件分离 -[切断]"对话框的"生成"按钮 🏴，系统生成刀具轨迹，如图 6-91 所示。

单击"确认"按钮 🔖，系统弹出"刀轨可视化"对话框，选择 3D 动态，单击"播放"按钮 ▶，仿真结果如图 6-92 所示，两次单击"确定"按钮，完成切断工序的创建，结果如图 6-93 所示。

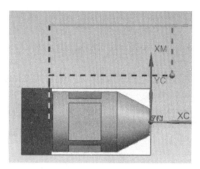

图 6-91　刀具轨迹

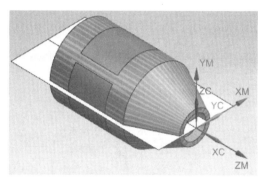

图 6-92　仿真结果

图 6-93　切断工序

6.1.18　调整各工序顺序

在工序导航器 - 程序顺序视图中根据基准先行、先粗后精、先主后次、先面后孔、先内后外和刀具集中原则调整各工序加工顺序，重新生成刀具路径，结果如图 6-94 所示。

工序导航器 - 程序顺序

名称	换刀	刀轨	刀具	刀具号
NC_PROGRAM				
未用项				
PROGRAM				
粗车端面	✓	✓	T01-…	1
粗车外圆		✓	T01-…	1
精车端面外圆	✓	✓	T02-…	2
外圆平面粗加工	✓	✓	T09-…	9
外圆平面粗加工_INSTANCE		↪	T09-…	9
外圆平面粗加工_INSTANCE_1		↪	T09-…	9
外圆平面粗加工_INSTANCE_2		↪	T09-…	9
端面孔粗加工	✓	✓	T03-…	3
外圆平面精加工	✓	✓	T10-…	10
外圆平面精加工_INSTANCE		↪	T10-…	10
外圆平面精加工_INSTANCE_1		↪	T10-…	10
外圆平面精加工_INSTANCE_2		↪	T10-…	10
端面孔精加工	✓	✓	T04-…	4
切断	✓	✓	T12-…	12

图 6-94　调整工序顺序

6.1.19 后处理

在工序导航器 - 程序视图中选择 NC_PROGRAM ，单击 后处理 按钮，系统弹出"后处理"对话框，如图 6-95 所示设置，单击"确定"按钮，后处理结果如图 6-96 所示。

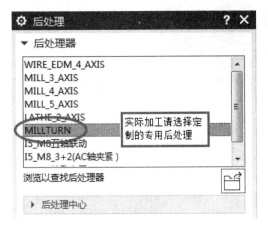

```
N10 G18 G21 G95 G90

(粗车端面 , TOOL : T01-OD_80_L粗车刀)
()

N12 T01 M6
N14 G54
N16 G18 G0 G90 G94 X145. Z33.
N18 G97 S800 M3
N20 X70.
N22 Z0.6
N24 X54.4
N26 G95 G3 X52. Z-1.8 R2.4 F.1
N28 G1 X-1.2
N30 G3 X-3.6 Z0.6 R2.4 F1.
N32 G0 G94 X145.
N34 Z88.
```

图 6-95 "后处理"对话框　　　　　　图 6-96 后处理结果

6.1.20 练习与思考

1．请完成下载练习文件中 exe6_1.prt 部件的车铣加工。

2．请完成下载练习文件中 exe6_2.prt 部件的车铣加工。

6.2 实例 2：椭圆轴的加工

本实例为较复杂的车铣复合加工零件，端面和外圆采用车削加工，外圆平面、六方、椭圆孔、曲线槽采用铣削加工，$\phi6mm$ 孔采用钻削加工，其加工工艺（简略）如下：

1）车端面。

2）粗车外圆。

3）精车端面、外圆。

4）铣外圆平面。

5）铣椭圆孔。

6）铣六方。

7）铣曲线槽。

8）钻孔。

6.2.1 打开源文件

打开源文件：椭圆轴 .prt，结果如图 6-97 所示。

图 6-97　椭圆轴

6.2.2　部件分析

利用"分析"—"测量距离"命令可以测量部件直径为 60mm，长为 120mm；端面椭圆孔深为 13mm；外圆曲线槽宽为 11.917mm，槽深为 3mm；各孔直径为 6mm。

6.2.3　绘制毛坯

根据部件尺寸，考虑装夹需要及合理余量，单件生产毛坯尺寸确定为 ϕ65mm×170mm。

选择"应用模块"—"建模"，进入建模模块，选择"菜单"—"插入"—"设计特征"—"圆柱"，系统弹出"圆柱"对话框，如图 6-98 所示设置参数。

图 6-98　"圆柱"对话框

单击"指定点"按钮，系统弹出"点"对话框，如图 6-99 所示设置参数，两次单击"确定"按钮，完成毛坯的绘制。将毛坯半透明显示，结果如图 6-100 所示。

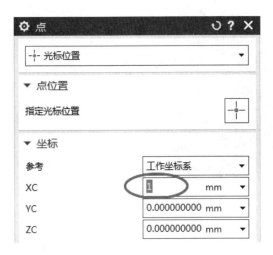

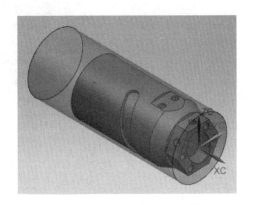

图 6-99　"点"对话框　　　　　　　图 6-100　半透明显示毛坯

6.2.4　加工环境配置

选择"应用模块"—"加工"，进入加工模块，系统弹出"加工环境"对话框，如图 6-101 所示设置参数，单击"确定"按钮，完成加工环境配置，在工序导航器-几何视图中单击 ⊞ 展开视图，结果如图 6-102 所示。

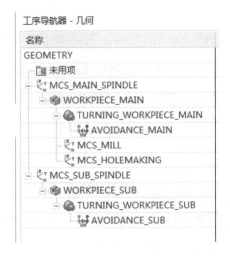

图 6-101　加工环境配置　　　　　　图 6-102　工序导航器-几何视图

6.2.5 设置加工坐标系

双击 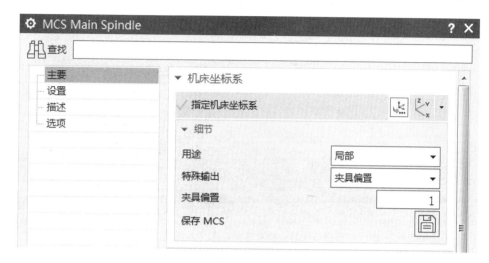 MCS_MAIN_SPINDLE，系统弹出如图 6-103 所示 "MCS Main Spindle" 对话框。

图 6-103 "MCS Main Spindle" 对话框

选择毛坯右端面边界，如图 6-104 所示，单击"确定"按钮关闭"MCS Main Spindle"对话框，系统将加工坐标系原点指定在毛坯右端面中心，结果如图 6-105 所示。

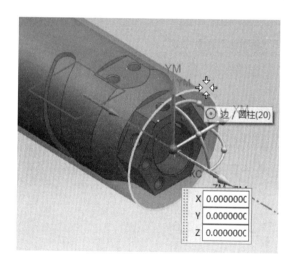

图 6-104 选择毛坯端面边界

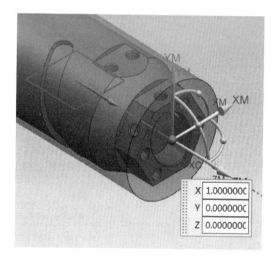

图 6-105 指定加工坐标系

6.2.6 指定部件、毛坯几何体

如图 6-102 所示，在工序导航器 - 几何视图中双击 WORKPIECE_MAIN，系统弹出 "Workpiece Main"对话框，如图 6-106 所示指定部件和毛坯几何体，单击"确定"按钮，完成部件、毛坯几何体的指定。

说明：为便于选择，可交替显示部件、毛坯几何体。

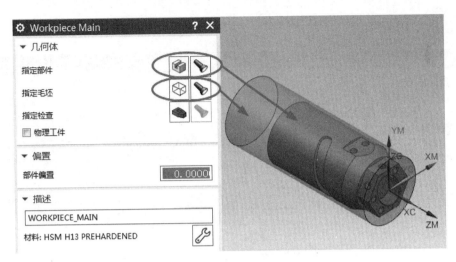

图 6-106　指定部件、毛坯几何体

6.2.7　生成部件、毛坯边界

在工序导航器 - 几何视图中双击 TURNING_WORKPIECE_MAIN，系统弹出图 6-107 所示"Turning Workpiece Main"对话框，自动生成部件、毛坯边界。

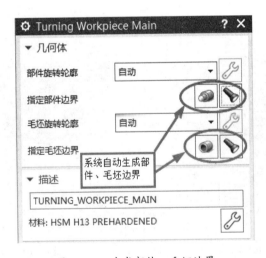

图 6-107　生成部件、毛坯边界

6.2.8　定义避让几何体

在工序导航器 - 几何视图中双击 AVOIDANCE_MAIN，系统弹出"Avoidance Main"对话框，如图 6-108 所示指定出发点（FR）。

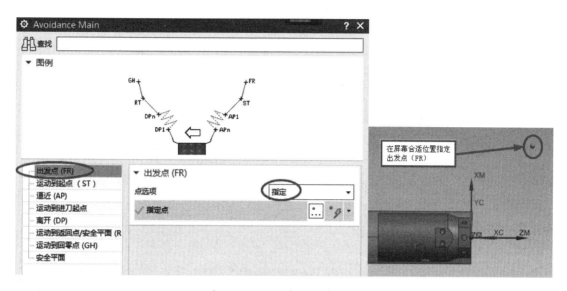

图 6-108 指定出发点（FR）

如图 6-109 所示指定起点（ST）。

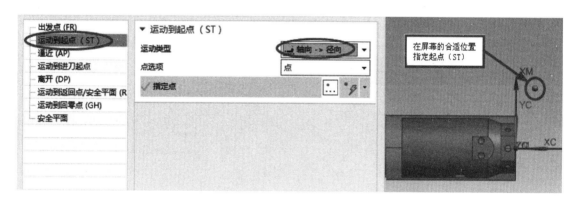

图 6-109 指定起点（ST）

如图 6-110 所示设置运动到进刀起点运动类型。

图 6-110 设置运动到进刀起点

如图 6-111 所示设置运动到回零点。

数控加工实例教程

图 6-111　设置运动到回零点

6.2.9　创建刀具

将工序导航器切换到机床视图，单击 按钮，系统弹出"创建刀具"对话框，如图 6-112 所示设置参数，单击"确定"按钮，系统弹出"车刀-标准"对话框，如图 6-113 所示设置刀具参数，单击"确定"按钮，完成外圆粗车刀具的创建。

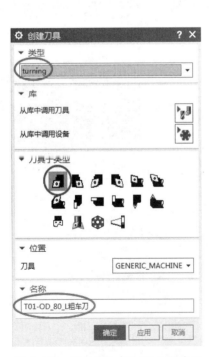

图 6-112　创建 T01-OD_80_L 粗车刀

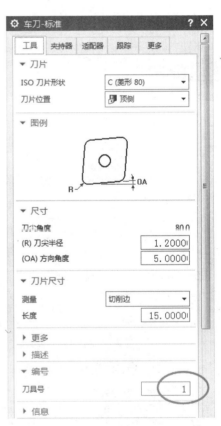

图 6-113　设置刀具参数 1

单击 按钮，系统弹出"创建刀具"对话框，如图 6-114 所示设置参数，单击"确定"按钮，系统弹出"车刀-标准"对话框，如图 6-115 所示设置刀具参数，单击"确定"按钮，完成外圆精车刀具的创建。

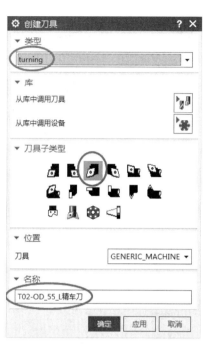

图 6-114 创建 T02-OD_55_L 精车刀

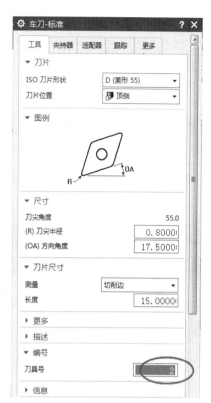

图 6-115 设置刀具参数 2

单击 按钮，系统弹出"创建刀具"对话框，如图 6-116 所示设置参数，单击"确定"按钮，系统 弹出"铣刀-5 参数"对话框，如图 6-117 所示设置刀具参数，单击"确定"按钮，完成轴向粗加工铣刀的创建。

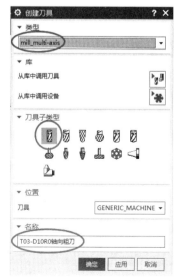

图 6-116 创建 T03-D10R0 轴向粗刀

图 6-117 设置刀具参数 3

数控加工实例教程

单击 按钮，系统弹出"创建刀具"对话框，如图 6-118 所示设置参数，单击"确定"按钮，系统弹出"铣刀-5 参数"对话框，如图 6-119 所示设置刀具参数，单击"确定"按钮，完成轴向粗加工铣刀的创建。

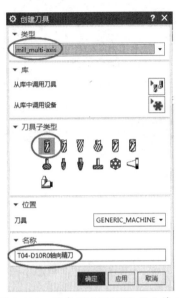

图 6-118　创建 T04-D10R0 轴向精刀

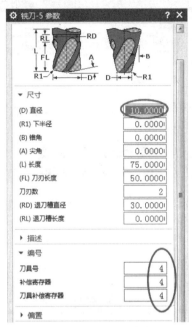

图 6-119　设置刀具参数 4

单击 按钮，系统弹出"创建刀具"对话框，如图 6-120 所示设置，单击"确定"按钮，系统弹出"定心钻刀"对话框，如图 6-121 所示设置刀具参数，单击"确定"按钮，完成轴向定心钻刀具的创建。

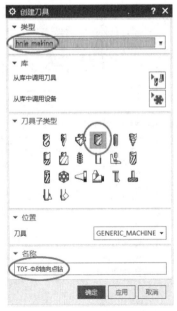

图 6-120　创建 T05-φ8 轴向点钻

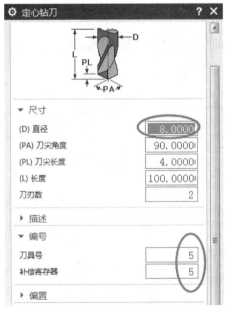

图 6-121　设置刀具参数 5

单击 按钮，系统弹出"创建刀具"对话框，如图 6-122 所示设置参数，单击"确定"按钮，系统弹出"定心钻刀"对话框，如图 6-123 所示设置刀具参数，单击"确定"按钮，完成径向定心钻刀具的创建。

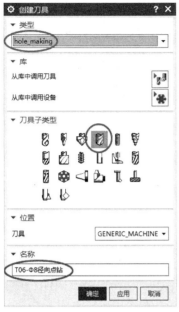

图 6-122　创建 T06-φ8 径向点钻

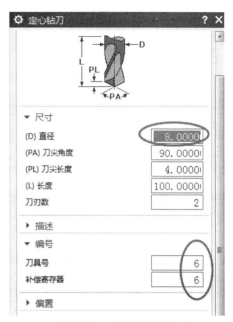

图 6-123　设置刀具参数 6

单击 按钮，系统弹出"创建刀具"对话框，如图 6-124 所示设置参数，单击"确定"按钮，系统弹出"埋头孔"对话框，如图 6-125 所示设置刀具参数，单击"确定"按钮，完成轴向倒角刀具的创建。

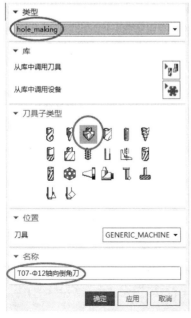

图 6-124　创建 T07-φ12 轴向倒角刀

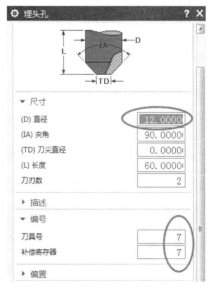

图 6-125　设置刀具参数 7

数控加工实例教程

单击 刀具 按钮，系统弹出"创建刀具"对话框，如图 6-126 所示设置参数，单击"确定"按钮，系统弹出"埋头孔"对话框，如图 6-127 所示设置刀具参数，单击"确定"按钮，完成径向倒角刀具的创建。

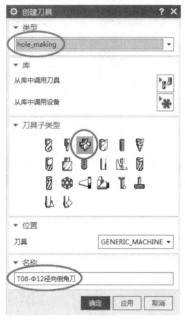

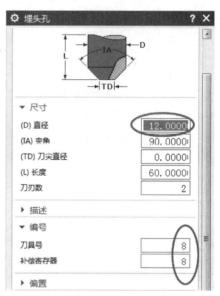

图 6-126　创建 T08-φ12 径向倒角刀　　　　　　　图 6-127　设置刀具参数 8

单击 刀具 按钮，系统弹出"创建刀具"对话框，如图 6-128 所示设置参数，单击"确定"按钮，系统弹出"铣刀-5 参数"对话框，如图 6-129 所示设置刀具参数，单击"确定"按钮，完成径向粗加工铣刀的创建。

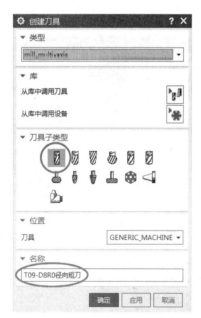

图 6-128　创建 T09-D8R0 径向粗刀　　　　　　　图 6-129　设置刀具参数 9

单击 按钮，系统弹出"创建刀具"对话框，如图 6-130 所示设置参数，单击"确定"按钮，系统弹出"铣刀-5 参数"对话框，如图 6-131 所示设置刀具参数，单击"确定"按钮，完成径向精加工铣刀的创建。

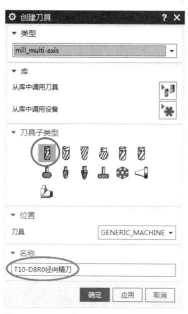

图 6-130　创建 T10-D8R0 径向精刀

图 6-131　设置刀具参数 10

单击 按钮，系统弹出"创建刀具"对话框，如图 6-132 所示设置参数，单击"确定"按钮，系统弹出"钻刀"对话框，如图 6-133 所示设置刀具参数，单击"确定"按钮，完成 φ6mm 轴向钻头的创建。

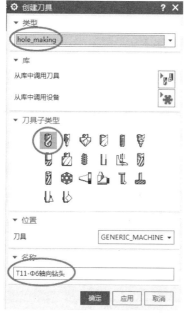

图 6-132　创建 T11-φ6 轴向钻头

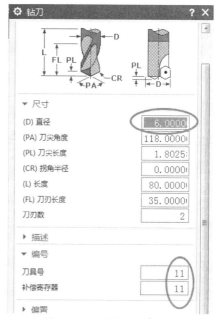

图 6-133　设置刀具参数 11

单击 ![]按钮，系统弹出"创建刀具"对话框，如图 6-134 所示设置参数，单击"确定"按钮，系统弹出"钻刀"对话框，如图 6-135 所示设置刀具参数，单击"确定"按钮，完成 φ6mm 径向钻头的创建。

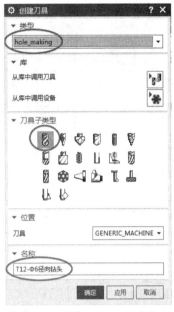

图 6-134 创建 T12-φ6 径向钻头

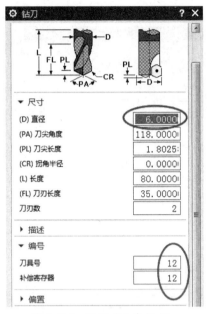

图 6-135 设置刀具参数 12

6.2.10 创建粗车端面工序

为便于操作，隐藏毛坯。单击 ![]按钮，系统弹出"创建工序"对话框，如图 6-136 所示设置参数，单击"确定"按钮，系统弹出"面加工 -[粗车端面]"对话框，如图 6-137 所示设置参数。

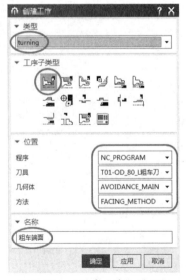

图 6-136 "创建工序"对话框

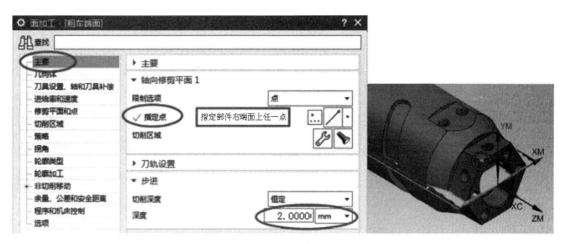

图 6-137　"面加工 -[粗车端面]"对话框

选择"进给率和速度"选项卡，如图 6-138 所示设置主轴速度和进给率。

图 6-138　设置主轴速度和进给率

选择"余量、公差和安全距离"选项卡，如图 6-139 所示设置端面余量。

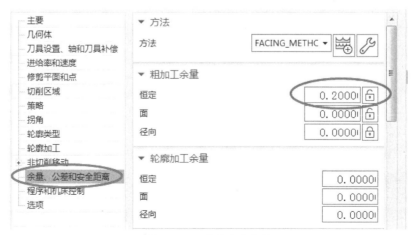

图 6-139　设置端面余量

单击"面加工"对话框的"生成"按钮 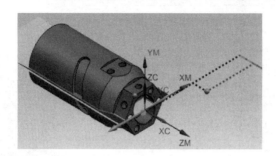，系统生成刀具轨迹，如图 6-140 所示。

图 6-140　生成刀具轨迹

单击"确认"按钮 ▲，系统弹出"刀轨可视化"对话框，选择 3D 动态，单击"播放"按钮 ▶，仿真结果如图 6-141 所示，三次单击"确定"按钮，完成粗车端面工序的创建，结果如图 6-142 所示。

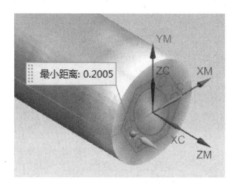

图 6-141　仿真结果

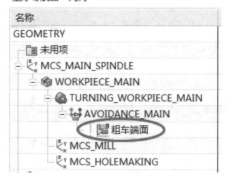

图 6-142　粗车端面工序

6.2.11　创建粗车外圆工序

单击 按钮，系统弹出"创建工序"对话框，如图 6-143 所示设置参数，单击"确定"按钮，系统弹出"外径粗车 -[粗车外圆]"对话框，如图 6-144 所示设置参数。

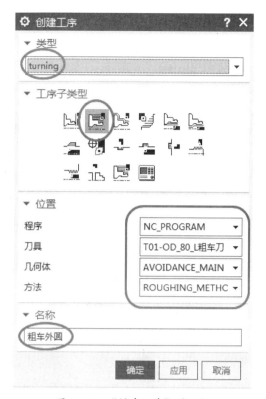

图 6-143 "创建工序"对话框

图 6-144 "外径粗车 -[粗车外圆]"对话框

选择"进给率和速度"选项卡，如图 6-145 所示设置主轴速度和进给率。

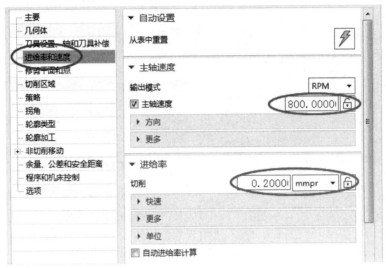

图 6-145　设置主轴速度和进给率

选择"修剪平面和点"选项卡，如图 6-146 所示设置外径粗车范围。

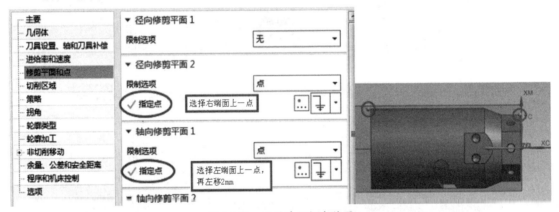

图 6-146　设置外径粗车范围

选择"余量、公差和安全距离"选项卡，如图 6-147 所示设置端面余量。

图 6-147　设置端面余量

单击"外径粗车 -[粗车外圆]"对话框的"生成"按钮 ⬚⟳，系统生成刀具轨迹，如图 6-148 所示。

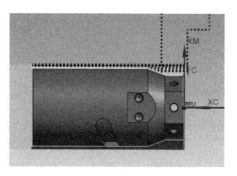

图 6-148　生成刀具轨迹

单击"确认"按钮 🔳，系统弹出"刀轨可视化"对话框，选择 3D 动态，单击"播放"按钮 ▶，仿真结果如图 6-149 所示，三次单击"确定"按钮，完成粗车外圆工序的创建，结果如图 6-150 所示。

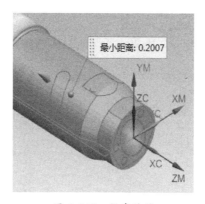

图 6-149　仿真结果

图 6-150　粗车外圆工序

6.2.12　创建精车端面外圆工序

单击 📇 按钮，系统弹出"创建工序"对话框，如图 6-151 所示设置参数，单击"确定"

按钮，系统弹出"外径精车 -[精车端面外圆]"对话框，如图 6-152 所示设置参数。

图 6-151　"创建工序"对话框　　　　图 6-152　"外径精车 -[精车端面外圆]"对话框

选择"进给率和速度"选项卡，如图 6-153 所示设置主轴速度和进给率。

图 6-153　设置主轴速度和进给率

选择"修剪平面和点"选项卡，如图 6-154 所示设置外径精车范围。

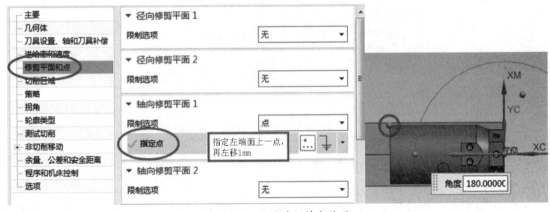

图 6-154　设置外径精车范围

选择"策略"选项卡，如图 6-155 所示设置参数。

图 6-155 "策略"选项卡

选择"余量、公差和安全距离"选项卡，如图 6-156 所示设置余量。

图 6-156 设置余量

单击"外径精车 -[精车端面外圆]"对话框的"生成"按钮，系统生成刀具轨迹，如图 6-157 所示。

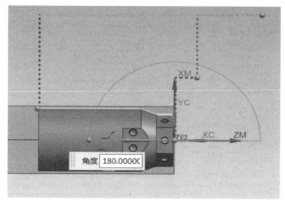

图 6-157 生成刀具轨迹

单击"确认"按钮 ，系统弹出"刀轨可视化"对话框，选择 3D 动态 ，单击"播放"
按钮 ▶，仿真结果如图 6-158 所示，三次单击"确定"按钮，完成精车端面外圆工序的创建，
结果如图 6-159 所示。

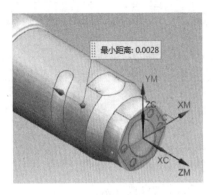

图 6-158　仿真结果

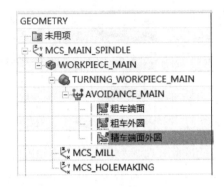

图 6-159　精车端面外圆工序

6.2.13　创建外圆平面粗加工工序

单击 按钮，系统弹出"创建工序"对话框，如图 6-160 所示设置参数，单击"确定"
按钮，系统弹出"底壁铣 -[外圆平面粗加工]"对话框，如图 6-161 所示设置参数。

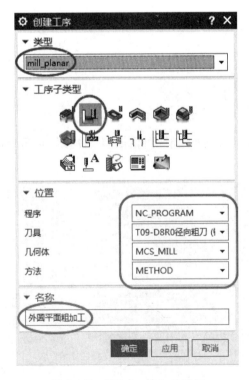

图 6-160　"创建工序"对话框

图 6-161 "底壁铣 -[外圆平面粗加工]"对话框

单击"指定切削区底面"按钮，系统弹出"切削区域"对话框，选择如图 6-162 所示底面，单击"确定"按钮，返回"底壁铣 -[外圆平面粗加工]"对话框。

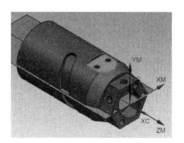

图 6-162 指定底面

选择"刀轴"选项卡，如图 6-163 所示设置刀轴矢量。

图 6-163 设置刀轴矢量

选择"进给率和速度"选项卡，如图 6-164 所示设置主轴速度和进给率。

257

图 6-164　设置主轴速度和进给率

选择"策略"选项卡，如图 6-165 所示设置参数。

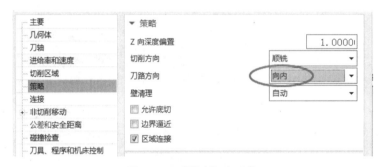

图 6-165　"策略"选项卡

单击"底壁铣 -[外圆平面粗加工]"对话框的"生成"按钮 ，系统生成刀具轨迹，如图 6-166 所示。

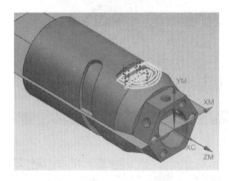

图 6-166　生成刀具轨迹

单击"确认"按钮 ，系统弹出"刀轨可视化"对话框，选择 3D 动态 ，单击"播放"按钮 ，仿真结果如图 6-167 所示，三次单击"确定"按钮，完成外圆平面粗加工工序的创建，结果如图 6-168 所示。

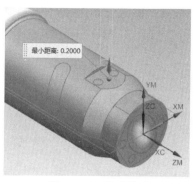

图 6-167 仿真结果

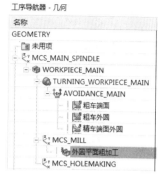

图 6-168 外圆平面粗加工工序

6.2.14 创建外圆平面精加工工序

复制刚才创建的外圆平面粗加工工序，结果如图 6-169 所示。

图 6-169 复制工序

双击复制的工序 ⊘ 外圆平面粗加工_COPY，系统弹出 "底壁铣 -[外圆平面粗加工 _COPY]" 对话框，如图 6-170 所示设置参数。

图 6-170 "底壁铣 -[外圆平面粗加工 _COPY]" 对话框

选择"进给率和速度"选项卡，如图 6-171 所示设置主轴速度和进给率。

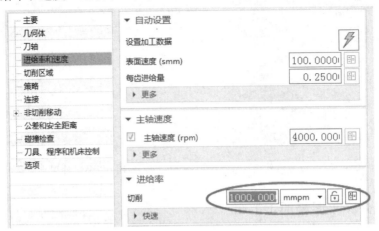

图 6-171 设置主轴速度和进给率

单击"底壁铣 -[外圆平面粗加工 _COPY]"对话框的"生成"按钮，系统生成刀具轨迹，如图 6-172 所示。

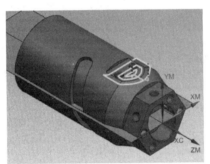

图 6-172 生成刀具轨迹

单击"确认"按钮，系统弹出"刀轨可视化"对话框，选择 3D 动态，单击"播放"按钮，仿真结果如图 6-173 所示，三次单击"确定"按钮，完成外圆平面精加工工序的创建，工序重命名后结果如图 6-174 所示。

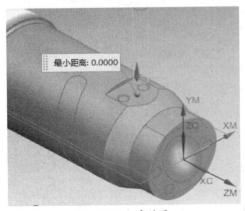

图 6-173 仿真结果

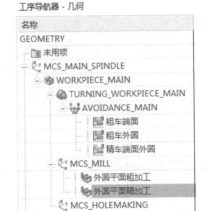

图 6-174 外圆平面精加工工序

6.2.15 创建椭圆粗加工工序

复制前面创建的外圆平面粗加工工序，结果如图 6-175 所示。

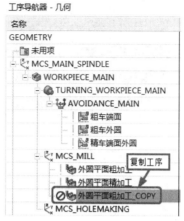

图 6-175 复制工序

双击复制的工序 ⊘ 外圆平面粗加工_COPY，系统弹出"底壁铣 -[外圆平面粗加工 _COPY]"对话框，如图 6-176 所示设置参数。单击"指定切削区底面"按钮 ，系统弹出"切削区域"对话框，移除原来底面，如图 6-177 所示重新指定椭圆孔底面，单击"确定"按钮，完成底面指定。

图 6-176 "底壁铣 -[外圆平面粗加工 _COPY]"对话框

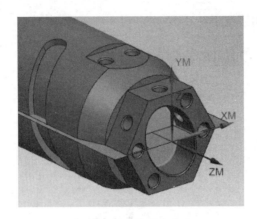

图 6-177　重新指定底面

选择"进给率和速度"选项卡，如图 6-178 所示设置主轴速度和进给率。

图 6-178　设置主轴速度和进给率

单击"底壁铣 -[外圆平面粗加工 _COPY]"对话框的"生成"按钮，系统生成刀具轨迹，如图 6-179 所示。

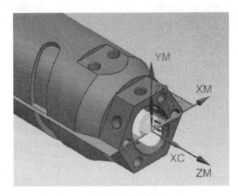

图 6-179　生成刀具轨迹

单击"确认"按钮 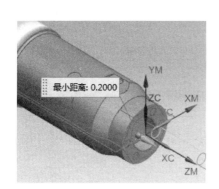，系统弹出"刀轨可视化"对话框，选择 3D 动态 ，单击"播放"按钮 ▸ ，仿真结果如图 6-180 所示，三次单击"确定"按钮，完成椭圆粗加工工序的创建，工序重命名后结果如图 6-181 所示。

图 6-180　仿真结果

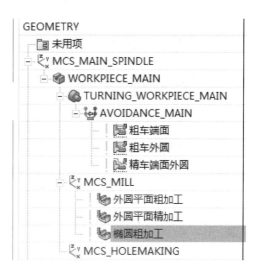

图 6-181　椭圆粗加工工序

6.2.16　创建椭圆精加工工序

复制椭圆粗加工工序，结果如图 6-182 所示。

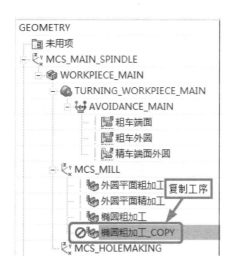

图 6-182　复制工序

双击复制的工序 椭圆粗加工_COPY ，系统弹出"底壁铣 -[椭圆粗加工 _COPY]"对话框，如图 6-183 所示设置参数。

图 6-183 "底壁铣 -[椭圆粗加工 _COPY]"对话框

选择"进给率和速度"选项卡，如图 6-184 所示设置主轴速度和进给率。

图 6-184 设置主轴速度和进给率

选择"非切削移动"的"进刀"选项卡，如图 6-185 所示设置进刀参数。

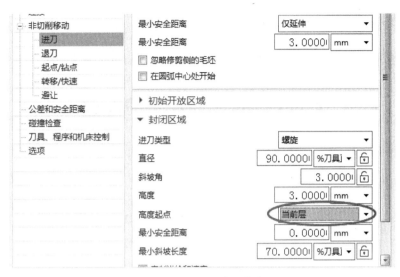

图 6-185　设置进刀参数

单击"底壁铣 -[椭圆粗加工 _COPY]"对话框的"生成"按钮🗏, 系统生成刀具轨迹, 如图 6-186 所示。

图 6-186　生成刀具轨迹

单击"确认"按钮🛄, 系统弹出"刀轨可视化"对话框, 选择 3D 动态 , 单击"播放"按钮▶, 仿真结果如图 6-187 所示, 三次单击"确定"按钮, 完成椭圆精加工工序的创建, 工序重命名后结果如图 6-188 所示。

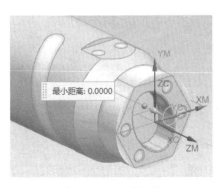

图 6-187　仿真结果

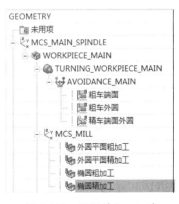

图 6-188　椭圆精加工工序

265

6.2.17　创建椭圆倒角加工工序

单击 按钮，系统弹出"创建工序"对话框，如图 6-189 所示设置参数，单击"确定"按钮，系统弹出"平面铣 -[椭圆倒角]"对话框，如图 6-190 所示设置参数。

图 6-189　"创建工序"对话框

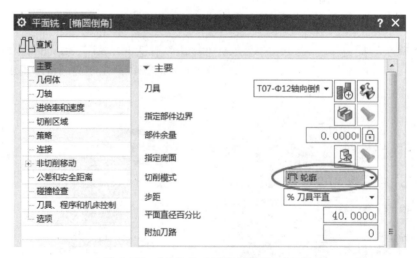

图 6-190　"平面铣 -[椭圆倒角]"对话框

单击"指定部件边界"按钮 ，系统弹出"部件边界"对话框，如图 6-191 所示选择部件边界，单击"确定"按钮，返回"平面铣 -[椭圆倒角]"对话框。

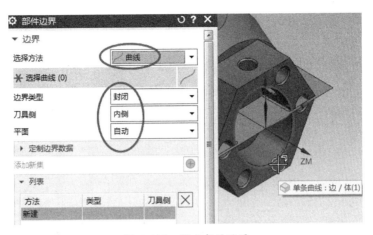

图 6-191　指定部件边界

单击"指定底面"按钮，系统弹出"平面"对话框，如图 6-192 所示指定底面，单击"确定"按钮，返回"平面铣 -[椭圆倒角]"对话框。

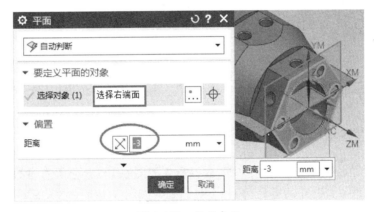

图 6-192　指定底面

选择"进给率和速度"选项卡，如图 6-193 所示设置主轴速度和进给率。

图 6-193　设置主轴速度和进给率

单击"平面铣-[椭圆倒角]"对话框的"生成"按钮🔄，系统生成刀具轨迹，如图 6-194 所示。

单击"确认"按钮🔩，系统弹出"刀轨可视化"对话框，选择 3D 动态，单击"播放"按钮▶，仿真结果如图 6-195 所示，两次单击"确定"按钮，完成椭圆倒角加工工序的创建，结果如图 6-196 所示。

工序导航器 - 几何

名称
GEOMETRY
📄 未用项
MCS_MAIN_SPINDLE
WORKPIECE_MAIN
TURNING_WORKPIECE_MAIN
AVOIDANCE_MAIN
粗车端面
粗车外圆
精车端面外圆
MCS_MILL
外圆平面粗加工
外圆平面精加工
椭圆粗加工
椭圆精加工
椭圆倒角
MCS_HOLEMAKING

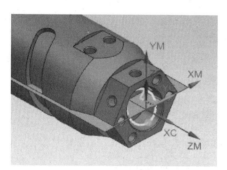

图 6-194　生成刀具轨迹

图 6-195　仿真结果

图 6-196　椭圆倒角加工工序

6.2.18　创建六方粗加工工序

单击🔧按钮，系统弹出"创建工序"对话框，如图 6-197 所示设置参数，单击"确定"按钮，系统弹出"平面铣-[六方粗加工]"对话框，如图 6-198 所示设置参数。

图 6-197　"创建工序"对话框

图 6-198 "平面铣 -[六方粗加工]"对话框

　　单击"指定部件边界"按钮 ，系统弹出"部件边界"对话框，如图 6-199 所示选择部件边界，单击"确定"按钮，返回"平面铣 -[六方粗加工]"对话框。

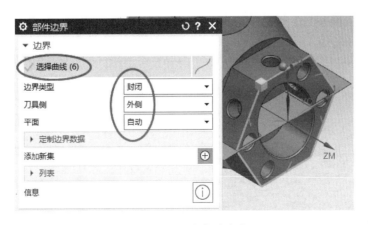

图 6-199 指定部件边界

　　单击"指定底面"按钮 ，系统弹出"平面"对话框，如图 6-200 所示指定底面，单击"确定"按钮，返回"平面铣 -[六方粗加工]"对话框。

图 6-200　指定底面

选择"进给率和速度"选项卡，如图 6-201 所示设置主轴速度和进给率。

单击"平面铣-[六方粗加工]"对话框的"生成"按钮，系统生成刀具轨迹，如图 6-202 所示。

图 6-201　设置主轴速度和进给率

图 6-202　生成刀具轨迹

单击"确认"按钮，系统弹出"刀轨可视化"对话框，选择 3D 动态，单击"播放"按钮，仿真结果如图 6-203 所示，三次单击"确定"按钮，完成六方粗加工工序的创建，结果如图 6-204 所示。

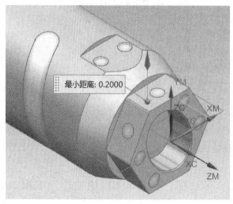

图 6-203　仿真结果

图 6-204　六方粗加工工序

6.2.19　创建六方精加工工序

复制刚才创建的六方粗加工工序，结果如图 6-205 所示。

双击复制的工序 ⊘ᱡ 六方粗加工_COPY，系统弹出"平面铣 -[六方粗加工 _COPY]"对话框，如图 6-206 所示设置参数。

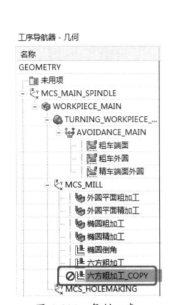

图 6-205　复制工序　　　　　　　　　　图 6-206　"平面铣 -[六方粗加工 _COPY]"对话框

选择"进给率和速度"选项卡，如图 6-207 所示设置主轴速度和进给率。

单击"平面铣 -[六方粗加工 _COPY]"对话框的"生成"按钮 ，系统生成刀具轨迹，如图 6-208 所示。

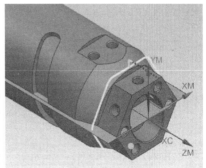

图 6-207　设置主轴速度和进给率　　　　　　　图 6-208　生成刀具轨迹

数控加工实例教程

单击"确认"按钮 ，系统弹出"刀轨可视化"对话框，选择 ^{3D 动态}，单击"播放"按钮 ▶，仿真结果如图 6-209 所示，三次单击"确定"按钮，完成六方精加工工序的创建，工序重命名后结果如图 6-210 所示。

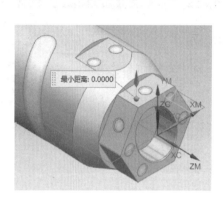

图 6-209　仿真结果

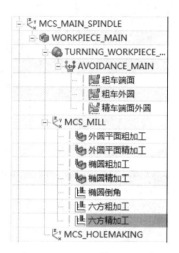

图 6-210　六方精加工工序

6.2.20　创建曲线槽加工工序

单击"在面上偏置曲线"按钮 ◎ 在面上偏置，系统弹出"在面上偏置曲线"对话框，按图 6-211 所示设置参数，单击"确定"按钮，完成偏置曲线的创建。

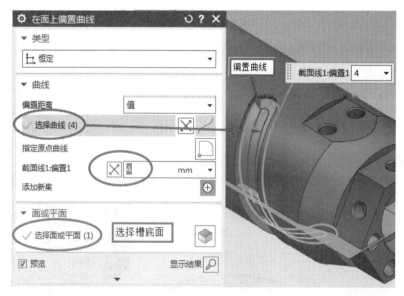

图 6-211　偏置曲线

说明：若曲线偏置方向不对，单击"反向"按钮 ☒。

单击 按钮，系统弹出"创建工序"对话框，如图 6-212 所示设置参数。

图 6-212　"创建工序"对话框

单击"确定"按钮，系统弹出"可变轮廓铣 -[曲线槽加工]"对话框，如图 6-213 所示设置余量和投影矢量。单击"指定切削区域"按钮 🢖，系统弹出"切削区域"对话框，如图 6-214 所示选择曲线槽底面，单击"确定"按钮，完成切削区域的指定，返回"可变轮廓铣 -[曲线槽加工]"对话框。

驱动"方法"选择"曲线 / 点"，系统弹出"驱动方法"消息框，单击"确定"按钮，系统弹出"曲线 / 点驱动方法"对话框，如图 6-215 所示选择偏置曲线，单击"确定"按钮，完成驱动曲线的指定，返回"可变轮廓铣 -[曲线槽加工]"对话框。

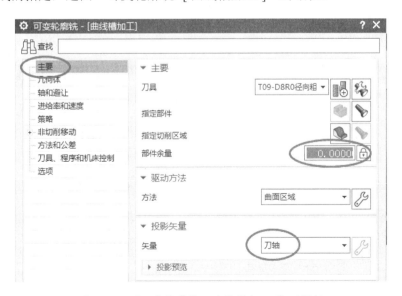

图 6-213　"可变轮廓铣 -[曲线槽加工]"对话框

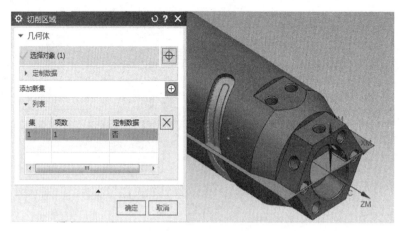

图 6-214　指定切削区域

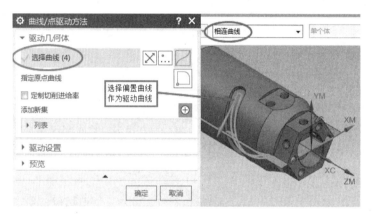

图 6-215　指定驱动曲线

如图 6-216 所示，选择"轴和避让"选项卡，"刀轴"的"轴"设为"远离直线"，系统弹出"远离直线"对话框，如图 6-217 所示指定矢量和点，单击"确定"按钮，完成刀轴指定，系统返回"可变轮廓铣 -[曲线槽加工]"对话框。

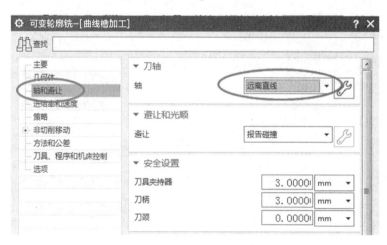

图 6-216　指定刀轴矢量

图 6-217　定义直线

选择"进给率和速度"选项卡，如图 6-218 所示设置参数。

图 6-218　设置进给率和速度

选择"策略"选项卡，如图 6-219 所示设置深度参数。

单击"可变轮廓铣 -[曲线槽加工]"对话框的"生成"按钮，系统生成刀具轨迹，如图 6-220 所示。

图 6-219　设置深度参数　　　　　　　图 6-220　生成刀具轨迹

单击"确认"按钮，系统弹出"刀轨可视化"对话框，选择 3D 动态 ，单击"播放"按钮 ，仿真结果如图 6-221 所示，三次单击"确定"按钮，完成曲线槽加工工序的创建，结果如图 6-222 所示。

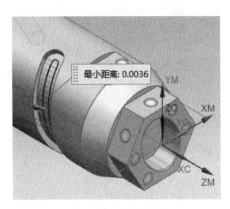

图 6-221　仿真结果

图 6-222　曲线槽加工工序

6.2.21　创建轴向定心钻工序

单击　按钮，系统弹出"创建工序"对话框，如图 6-223 所示设置参数。

图 6-223　"创建工序"对话框

单击"确定"按钮，系统弹出图 6-224 所示"定心钻"对话框，单击"指定特征几何体"按钮，系统弹出"特征几何体"对话框，如图 6-225 所示选择端面 4 个孔，单击"确定"按钮，返回"定心钻 -[轴向点钻]"对话框。

图 6-224 "定心钻 -[轴向点钻]"对话框

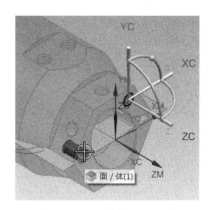

图 6-225 指定特征几何体

选择"进给率和速度"选项卡，如图 6-226 所示设置参数。

图 6-226 设置进给率和速度

单击"定心钻 -[轴向点钻]"对话框的"生成"按钮🖫，系统生成刀具轨迹，如图 6-227 所示。

单击"确认"按钮🖳，系统弹出"刀轨可视化"对话框，选择 3D 动态 ，单击"播放"按钮▶️，仿真结果如图 6-228 所示，三次单击"确定"按钮，完成轴向定心钻工序的创建，结果如图 6-229 所示。

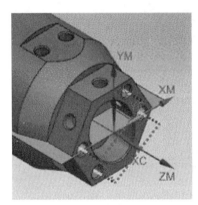

图 6-227　生成刀具轨迹

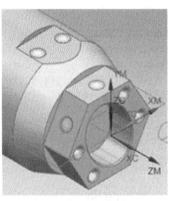

图 6-228　仿真结果

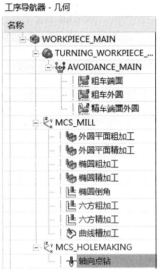

图 6-229　轴向定心钻工序

6.2.22　创建轴向钻孔工序

单击 🖳 按钮，系统弹出"创建工序"对话框，如图 6-230 所示设置参数。

图 6-230　"创建工序"对话框

车铣复合加工

单击"确定"按钮，系统弹出"钻孔"对话框，单击"指定特征几何体"按钮，系统弹出"特征几何体"对话框，同样选择端面 4 个孔，单击"确定"按钮，返回"钻孔"对话框。

选择"进给率和速度"选项卡，如图 6-231 所示设置参数。

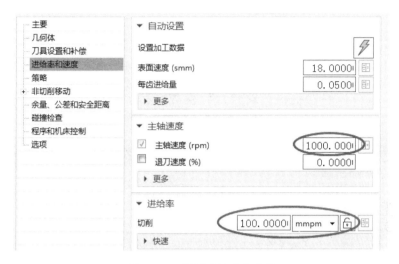

图 6-231　设置进给率和速度

单击"钻孔"对话框的"生成"按钮，系统生成刀具轨迹，如图 6-232 所示。

单击"确认"按钮，系统弹出"刀轨可视化"对话框，选择 3D 动态，单击"播放"按钮，仿真结果如图 6-233 所示，三次单击"确定"按钮，完成轴向钻孔工序的创建，结果如图 6-234 所示。

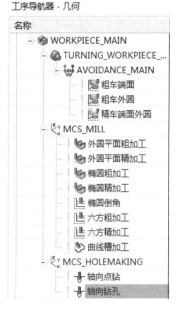

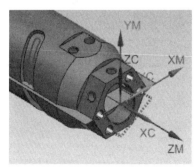

图 6-232　生成刀具轨迹

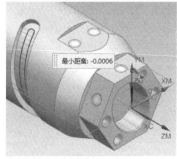

图 6-233　仿真结果

图 6-234　轴向钻孔工序

数控加工实例教程

6.2.23　创建轴向孔倒角工序

单击 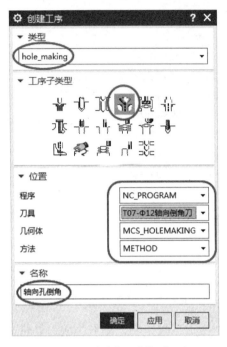 按钮，系统弹出"创建工序"对话框，如图 6-235 所示设置参数。

图 6-235　"创建工序"对话框

单击"确定"按钮，系统弹出"钻埋头孔"对话框，单击"指定特征几何体"按钮 ，系统弹出"特征几何体"对话框，同样选择端面 4 个孔，单击"确定"按钮，返回"钻埋头孔"对话框。

选择"进给率和速度"选项卡，如图 6-236 所示设置参数。

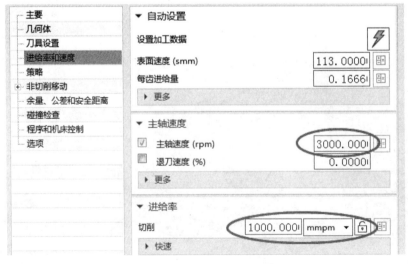

图 6-236　设置进给率和速度

单击"钻埋头孔"对话框的"生成"按钮 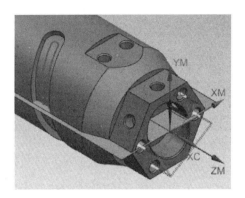 ，系统生成刀具轨迹，如图 6-237 所示。

图 6-237 生成刀具轨迹

单击"确认"按钮 ，系统弹出"刀轨可视化"对话框，选择 3D 动态 ，单击"播放"按钮 ，仿真结果如图 6-238 所示，两次单击"确定"按钮，完成轴向孔倒角工序的创建，结果如图 6-239 所示。

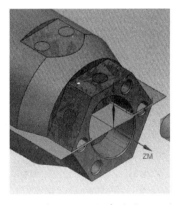

图 6-238 仿真结果

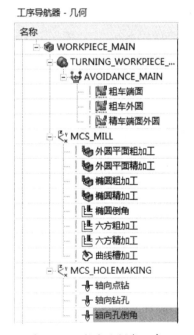

图 6-239 轴向孔倒角工序

6.2.24 创建径向定心钻工序

如图 6-240 所示，复制轴向点钻工序。

双击工序 轴向点钻_COPY ，系统弹出"定心钻 -[轴向点钻 _COPY]"对话框，如图 6-241 所示设置参数。

数控加工实例教程

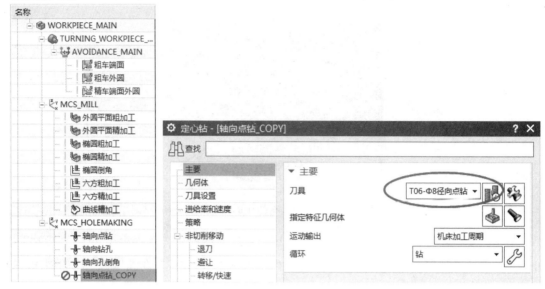

图 6-240　复制工序　　　　　　图 6-241　"定心钻 -[轴向点钻 _COPY]"对话框

单击"指定特征几何体"按钮🔦，系统弹出"特征几何体"对话框，单击"移除"按钮⊠，删除原有特征，选择图 6-242 所示外圆平面上的 2 个孔和六方上 3 个径向孔，单击"确定"按钮，返回"定心钻 -[轴向点钻 _COPY]"对话框。

选择"非切削移动"的"转移 / 快速"选项卡，如图 6-243 所示设置参数。

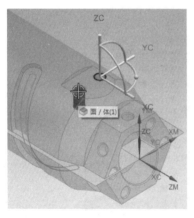

图 6-242　指定特征几何体

图 6-243　安全设置

单击"定心钻 -[轴向点钻 _COPY]"对话框的"生成"按钮📲，系统生成刀具轨迹，如图 6-244 所示。

单击"确认"按钮📷，系统弹出"刀轨可视化"对话框，选择 ³ᴰ 动态，单击"播放"按钮▶，仿真结果如图 6-245 所示，两次单击"确定"按钮，完成径向定心钻工序的创建，工序重命名后结果如图 6-246 所示。

图 6-244 生成刀具轨迹

图 6-245 仿真结果

图 6-246 径向定心钻工序

6.2.25 创建径向钻孔工序

如图 6-247 所示，复制轴向钻孔工序。

双击工序 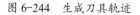，系统弹出"钻孔 -[轴向钻孔 _COPY]"对话框，如图 6-248 所示设置参数。

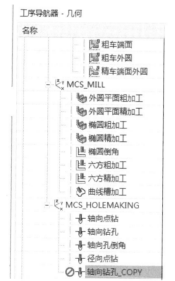

图 6-247 复制工序

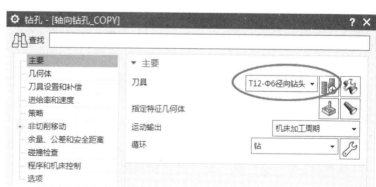

图 6-248 "钻孔 -[轴向钻孔 _COPY]"对话框

单击"指定特征几何体"按钮，系统弹出"特征几何体"对话框，单击"移除"按钮，删除原有特征，选择图 6-242 所示外圆平面上的 2 个孔和六方上 3 个径向孔，单击"确定"按钮，返回"钻孔 -[轴向钻孔 _COPY]"对话框。

选择"非切削移动"的"转移 / 快速"选项卡，如图 6-249 所示设置参数。

图 6-249　安全设置

单击"钻孔 -[轴向钻孔 _COPY]"对话框的"生成"按钮 ，系统生成刀具轨迹，如图 6-250 所示。

单击"确认"按钮 ，系统弹出"刀轨可视化"对话框，选择 3D 动态，单击"播放"按钮 ，仿真结果如图 6-251 所示，两次单击"确定"按钮，完成径向钻孔工序的创建，工序重命名后结果如图 6-252 所示。

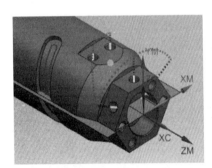
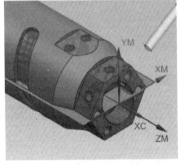

图 6-250　生成刀具轨迹　　图 6-251　仿真结果　　图 6-252　径向钻孔工序

6.2.26　创建径向孔倒角工序

如图 6-253 所示，复制轴向孔倒角工序。

图 6-253　复制工序

双击工序 ⊘┿ 轴向孔倒角_COPY，系统弹出"钻埋头孔 -[轴向孔倒角 _COPY]"对话框，如图 6-254 所示设置。

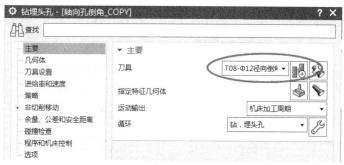

图 6-254 "钻埋头孔 -[轴向孔倒角 _COPY]"对话框

单击"指定特征几何体"按钮 ，系统弹出"特征几何体"对话框，单击"移除"按钮 ，删除原有特征，选择图 6-242 所示外圆平面上的 2 个孔和六方上 3 个径向孔，单击"确定"按钮，返回"钻埋头孔 -[轴向孔倒角 _COPY]"对话框。

选择"非切削移动"的"转移 / 快速"选项卡，如图 6-255 所示设置参数。

图 6-255 安全设置

单击"钻埋头孔"对话框的"生成"按钮 ，系统生成刀具轨迹，如图 6-256 所示。

单击"确认"按钮 ，系统弹出"刀轨可视化"对话框，选择 3D 动态，单击"播放"按钮 ，仿真结果如图 6-257 所示，两次单击"确定"按钮，完成径向孔倒角工序的创建，工序重命名后结果如图 6-258 所示。

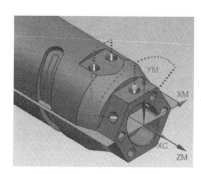

图 6-256 生成刀具轨迹

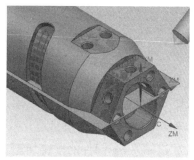

图 6-257 仿真结果

图 6-258 径向孔倒角工序

6.2.27　调整各工序顺序

在工序导航器 - 程序顺序视图中根据基准先行、先粗后精、先主后次、先面后孔、先内后外和刀具集中原则调整各工序加工顺序，重新生成刀具路径，结果如图 6-259 所示。

图 6-259　调整工序顺序

6.2.28　后处理

在工序导航器 - 程序视图中选择 NC_PROGRAM ，单击 后处理 按钮，系统弹出"后处理"对话框，如图 6-260 所示设置参数，单击"确定"按钮，后处理结果如图 6-261 所示。

图 6-260　"后处理"对话框

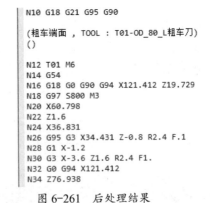

图 6-261　后处理结果

6.2.29　练习与思考

1）请尝试用侧刃驱动体加工曲线槽。

2）请尝试用 4 轴，相对于驱动体加工曲线槽。

3）请完成下载练习文件中 exe6_3.prt 部件的车铣加工。

4）请完成下载练习文件中 exe6_4.prt 部件的车铣加工。

参 考 文 献

[1] 贺建群. UG NX 数控加工典型实例教程 [M]. 北京：机械工业出版社，2012.

[2] 北京兆迪科技有限公司. UG NX 10.0 数控加工教程 [M]. 北京：机械工业出版社，2015.

[3] 麓山文化. UG NX 10 中文版数控加工从入门到精通 [M]. 北京：机械工业出版社，2015.

[4] 易良培，张浩. UG NX 10.0 多轴数控编程与加工案例教程 [M]. 北京：机械工业出版社，2015.

[5] 展迪优. UG NX 10.0 数控加工完全学习手册 [M]. 北京：机械工业出版社，2016.

[6] 钟涛. UG NX 10.0 中文版数控加工从入门到精通 [M]. 北京：机械工业出版社，2017.

[7] 贺建群. UG NX 12.0 数控加工典型实例教程 [M]. 北京：机械工业出版社，2018.